高职高专"十三五"规划教材

AutoCAD电子工程制图
（项目化教程）

周南权　主编
李文龙　冉紫荥　副主编

U0224029

化学工业出版社

·北京·

本书按照项目驱动、任务引领的项目化教学要求编写，首先介绍了软件安装和窗口认识等基础知识，然后重点介绍了4个项目，每个项目都设计成几个任务。每个项目都以典型电子产品工程图样为载体，都是一个完整的电子器件或功能图样的制作过程。本书以培养职业能力为目标，以完成项目为主线，把知识和技能融入整个过程之中，体现了工程实践性。本书以工程图样的认知和制作技术为起点，通过绘制电子元器件图、电气控制图、建筑平面图与电气图、电子装配图4个典型项目，由浅入深、从易到难、循序渐进地介绍了应用AutoCAD软件进行电子工程制图的方法和流程。

　　本书主要根据作者长期教学和实践经验编写，可作为高职高专院校电子信息类、机电类专业及相关专业工程制图、电子电气工程制图、AutoCAD制图等相关课程的教材，同时也可供相关工程技术人员学习参考。

图书在版编目（CIP）数据

AutoCAD电子工程制图：项目化教程/周南权主编. —北京：化学工业出版社，2018.12（2024.8重印）

高职高专"十三五"规划教材

ISBN 978-7-122-33246-2

Ⅰ.①A⋯　Ⅱ.①周⋯　Ⅲ.①电子技术-工程制图-AutoCAD软件-高等职业教育-教材　Ⅳ.①TN02

中国版本图书馆CIP数据核字（2018）第248283号

责任编辑：王听讲　　　　　　　　　装帧设计：韩　飞
责任校对：王鹏飞

出版发行：化学工业出版社（北京市东城区青年湖南街13号　邮政编码100011）
印　　装：北京天宇星印刷厂
787mm×1092mm　1/16　印张9¾　字数215千字　2024年8月北京第1版第6次印刷

购书咨询：010-64518888　　售后服务：010-64518899
网　　址：http://www.cip.com.cn

定　　价：28.00元　　　　　　　　　　　　　　　版权所有　违者必究

前　言

AutoCAD（Autodesk Computer Aided Design）电子工程制图就是利用计算机辅助设计软件进行电子工程图样的设计，是电子信息类专业学生必须掌握的最基本技能，也为他们今后从事电子技术的项目开发、电子装联岗位，以及电子 CAD 的专业绘图岗位打下基础。

AutoCAD 是 Autodesk（欧特克）公司首次于 1982 年开发的一款功能强大、应用广泛的计算机辅助设计软件，可以用于绘制二维制图和基本三维设计，无需懂得编程，通过它即可自动制图，现已经成为国际上广为流行的绘图工具。本书采用的是 AutoCAD 2014 版本，该版本对系统要求不是很高，且操作相对容易，而且从入门和提高的难易程度考虑，学生学习以后能举一反三，它也是目前被各院校和企业广泛采用的一款 AutoCAD 电子工程制图软件。

本书按照项目驱动、任务引领的项目化教学要求编写，每个项目设计成几个任务。项目都以典型电子产品工程图样为载体，以工作过程为导向，按照电子产品工程图的制作流程进行安排，从软件应用和规范过渡到工艺，突出标准、规范的应用及立体思维能力的培养。

本教材从多个方面打破了传统风格，以"必需、够用"为度，以"做中学"为原则，将知识、技能完全融入每个项目进行介绍。与以往传统教材相比，本书具有以下特色：

1. 内容设置与职业资格认证紧密结合

将本课程传授的知识与国家专业技能考试目录的等级证书相结合，引入电子行业标准、职业资格认证标准，使学生在获得学历证书的同时，能有机会获得 AutoCAD 应用工程师职业资格，真正体现教材内容与职业标准对接。

2. 以工作过程为切入点，采用项目化教学模式编排

本书以工作过程为切入点，从"项目导向"走向"工作过程导向"，以典型电子产品工程图样为载体，以工作任务为引领，采用项目化教材架构，每一个项目都是一个电子产品工程图，每个项目又有几个工作任务，每个任务都是一个完整的工作过程，真正体现了"项目驱动、任务引领"的教改思想。

3. 教材内容设置紧密结合职业教育思想

注重通过实训练习，有效提高学生的职业技能。为了便于实施

"理实一体化"教学模式，本教材将技能知识点完全融入电子工程图样的制作之中，重点突出实用技能和动手训练。本书编者由长期从事电子工程制图课程教学与"AutoCAD 应用工程师"考证的教师组成，编写过程中还吸收了多位企业专家和技术骨干的意见和建议，书中大量实例来自于学校实训以及企业的实际经验，紧贴电子行业实际情况，学习任务的完成过程和企业实际工作过程无缝对接。

4. 体现了"教师为主导，学生为主体"的教改思想

书中 4 个项目的学习任务，似乎是 4 项相同工作的重复，但实际上并不是简单的重复，而是在巩固前面学习项目知识与技能的基础上，不断增加新的知识与技能，符合学生职业成长规律和职业岗位特点。在教学过程中，随着学习项目的增加，教师的指导作用将逐渐减弱，学生的自主学习会逐渐增强，这样就充分体现了"教师为主导，学生为主体"的教改思想。

本书由教育部首批现代学徒制试点项目团队、重庆市高等职业院校市级专业能力建设（骨干专业）项目团队，以及重庆市高等职业教育双基地项目团队合作编写，并融入了重庆航天机电设计院、重庆航天火箭电子技术有限公司等企业生产一线骨干员工的工作经验。团队负责人周南权作为本书主编，对全书提出了总体设计并编写了项目基础部分、项目 3 及附录；李文龙和冉紫荥担任副主编，李文龙编写了项目 1 和项目 2，冉紫荥编写了项目 4；孙强、曾自强、陈林峰和张冬梅也参与了本书的部分编写工作，全书由周南权负责统稿。

由于编者水平有限，时间仓促，书中难免存在遗漏和不妥之处，恳请读者批评指正。

编　者

目　　录

软件安装及窗口初识

任务 1 AutoCAD 软件的基本认识

0.1.1 AutoCAD 2014 软件介绍

1. AutoCAD 概述

AutoCAD 是 Autodesk Computer Aided Design 的英文缩写，CAD 中文名称为计算机辅助设计。AutoCAD 是 Autodesk（欧特克）公司首次于 1982 年开发的一款功能强大、应用广泛的计算机辅助设计软件，可以用于绘制二维制图和基本三维设计，无需懂得编程，通过它即可自动制图，广泛应用于土木建筑、装饰装潢、城市规划、园林设计、电子电路、机械设计、服装鞋帽、航空航天、轻工化工等诸多领域，现已经成为国际上广为流行的绘图工具。在中国，AutoCAD 已成为电子工程制图领域中应用最为广泛的计算机辅助设计软件之一。

AutoCAD 具有良好的用户界面，通过交互菜单或命令行方式，便可以进行各种操作。它的多文档设计环境，让非计算机专业人员也能很快地学会使用。用户应在不断实践的过程中，更好地掌握它的各种应用和开发技巧，从而不断提高工作效率。

2. AutoCAD 的主要功能

① 二维绘图与编辑；

② 创建表格；

③ 文字标注；

④ 尺寸标注；

⑤ 参数化绘图；

⑥ 三维绘图与编辑；

⑦ 视图显示控制；

⑧ 各种绘图实用工具；

⑨ 图纸管理；

⑩ 图形的输入、输出；

⑪ 数据库管理；

⑫ Internet 功能。

0.1.2　AutoCAD 2014 软件的功能

AutoCAD 2014 是 Autodesk 公司继 AutoCAD 2013 之后发布的又一版本，该版本体积相当庞大，增加了许多特性，增加主要功能如下。

1. 功能一：社会化设计

社会化设计，即时交流社会化合作设计，可以在 AutoCAD 2014 里使用类似 QQ 的即时通信工具，图形以及图形内的图元、图块等，都可以通过网络交互的方式相互交换设计方案。

2. 功能二：支持 Windows8 以及触屏操作

支持 Windows8 以及触屏操作，Windows 8 操作系统，其关键特性就是支持触屏，当然，它也需要软件提供触屏支持才能使用它的这个功能。我们使用智能手机以及平板电脑，已经习惯了用手指来移动视图了，在 Windows 8 中，AutoCAD 2014 已经支持这种操作方法了。

3. 特性三：实景地图

实景地图，现实场景中建模，可以将 DWG 图形与现实的实景地图结合在一起，利用 GPS 等定位方式直接定位到指定位置上去。

任务 2　AutoCAD 2014 安装与卸载

要学好 AutoCAD 软件，需要对它有一个清晰的认识，并掌握软件的安装和卸载方法。

0.2.1　AutoCAD 2014 对系统的要求

1. 32 位系统安装要求

① Windows 8 的标准版、企业版或专业版，Windows 7 企业版、旗舰版、专业版或家庭高级版，Windows XP 专业版或家庭版（SP3 或更高版本）操作系统。

② 对于 Windows 8 和 Windows 7：Intel Pentium 4 或 AMD Athlon 双核，3.0GHz 或更高，采用 SSE2 技术。

③ 对于 Windows XP：Intel® Pentium® 4 或 AMD Athlon™ 双核，1.6GHz 或更高，采用 SSE2 技术。

④ 2GB RAM（推荐使用 4 GB）。

⑤ 6GB 的可用磁盘空间用于安装。

⑥ 1024×768 显示分辨率真彩色（推荐 1600×1050 或更高）。

⑦ 安装 Internet Explorer® 7.0 或更高版本的 Web 浏览器。

⑧ 下载或 DVD 安装。

2. 64 位系统安装要求

① Windows 8 的标准版、企业版或专业版，Windows 7 企业版、旗舰版、专业版或家庭高级版，Windows XP 专业版（SP2 或更高版本）。

② 支持 SSE2 技术的 AMD Opteron（皓龙）处理器，支持 SSE2 技术，支持英特尔 EM64T 和 SSE2 技术的英特尔至强处理器，支持英特尔 EM64T 和 SSE2 技术的奔腾 4 的 Athlon 64。

③ 2GB RAM（推荐使用 4GB）。

④ 6GB 的可用空间用于安装。

⑤ 1024×768 显示分辨率真彩色（推荐 1600×1050）。

⑥ Internet Explorer® 7.0 或更高版本的 Web 浏览器。

⑦ 下载或 DVD 安装。

3. 3D 建模的其他要求（适用于所有配置）

① Pentium 4 或 Athlon 处理器，3GHz 或更高，英特尔或 AMD 双核处理器，2GHz 或更高。

② 4GB RAM 或更高。

③ 6GB 可用硬盘空间，除了自由空间安装所需的以外。

④ 1280×1024 真彩色视频显示适配器，128MB 或更高，支持 Pixel Shader 3.0 或更高版本的 Microsoft Direct3D 工作站级图形卡。

0.2.2　AutoCAD 2014 的安装

以 AutoCAD 2014 64 位版本为安装对象，在 Microsoft Windows 8 或 Windows 7 系统进行安装，过程如下。

（1）双击下载的 AutoCAD _ 2014 _ 64bit 压缩包图标，对其进行解压，如图 0-1 所示。

图 0-1　解压下载的 AutoCAD _ 2014 _ 64bit 压缩包图标

（2）在弹出来的对话框中，选择要解压到的文件夹，默认的文件夹为 C：\ Autodesk \ ，一般不要解压到 C 盘目录，点击"更改"按钮，解压到电脑容量大的硬盘目录，例如 D、E 等，如图 0-2 所示。

图 0-2　选择目标文件夹界面

（3）解压过程大概需要 3 分钟，如图 0-3 所示。

图 0-3　解压过程界面

（4）解压完成后，会出现用户账号控制，请点击"是"按钮，如图 0-4 所示。

图 0-4　用户账号控制界面

　　（5）点击用户账号界面"是"按钮以后，自动进入安装初始化界面，如图 0-5 所示。
　　（6）完成安装初始化以后，自动进入安装界面，点击"安装"按钮，如图 0-6 所示。

图 0-5 安装初始化界面

图 0-6 安装界面

如果没有自动进入安装界面，请在解压后的文件夹中找到 Setup 图标，双击该图标，就会进入安装界面，如图 0-7 所示。

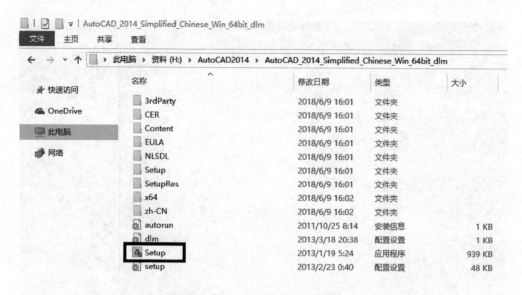

图 0-7　双击 Setup 图标进入安装界面

（7）然后，进入安装许可协议，默认的国家或地区是 China（中国）不改动，在右下角点击"我接受"，鼠标直接点击"下一步"按钮，如图 0-8 所示。

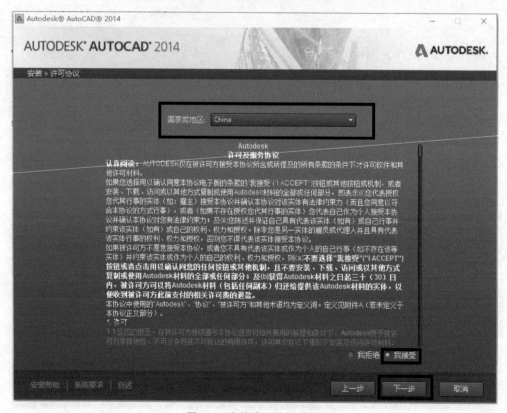

图 0-8　安装许可协议界面

（8）进入产品信息界面，默认语言为"中文（简体）"，许可类型选"单机"，如果有序列号，输入序列号和产品密钥；如果没有序列号，产品信息选"我想要试用该产品30天"，并点击"下一步"按钮，如图0-9所示。

图0-9　产品信息界面

（9）进入配置安装界面，默认的安装路径是C：\Program Files\Autodesk\，建议安装到其他容量大的磁盘，再点击"安装"按钮，如图0-10所示。

（10）安装进行中，时间比较长，把所有组件安装完成后，AutoCAD 2014中文版就安装完成，单击"完成"按钮，如图0-11和图0-12所示。

（11）双击桌面上的AutoCAD 2014中文版快捷启动图标，进入Autodesk隐私声明界面，单击"我同意"按钮，如图0-13所示。

（12）最后，进入激活界面，如果有激活码，则单击"激活"按钮，填上激活码就可以完成激活；如果没有激活码，则单击"试用"按钮，完成初次登录，如图0-14所示。

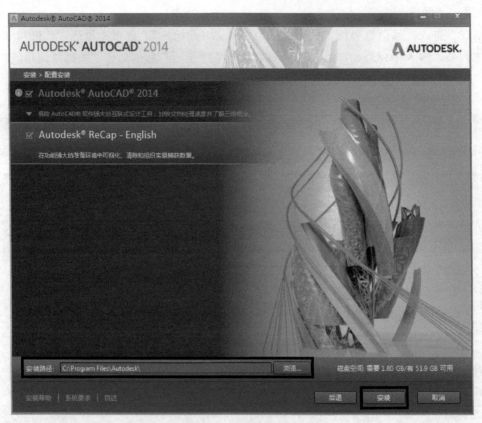

图 0-10　配置安装界面

图 0-11　安装进度界面

图 0-12　安装完成界面

图 0-13　Autodesk 隐私声明界面

图 0-14　激活界面

0.2.3　AutoCAD 2014 的卸载

以 AutoCAD 2014 64 位版本在 Microsoft Windows 10 企业版系统进行卸载为例，过程如下。

（1）单击电脑任务栏中的"开始"图标，单击"设置"选项，如图 0-15 所示。

（2）进入"设置"窗口，双击"应用"图标，如图 0-16 所示。

（3）进入"应用"对话框，单击 AutoCAD 2014，然后单击右下方的"卸载"按钮，如图 0-17 所示。

（4）进入 AutoCAD 2014 软件"添加或删除功能、修复或重新安装、卸载"界面，单击"卸载"按钮，如图 0-18 所示。

（5）进入"卸载"对话框，单击"卸载"按钮，如图 0-19 所示。

（6）执行 AutoCAD 2014 软件卸载工作，完成卸载，如图 0-20 所示。

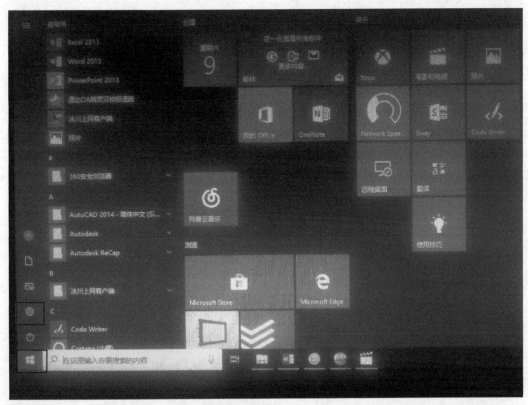

图 0-15　电脑"开始"界面

图 0-16　"设置"窗口

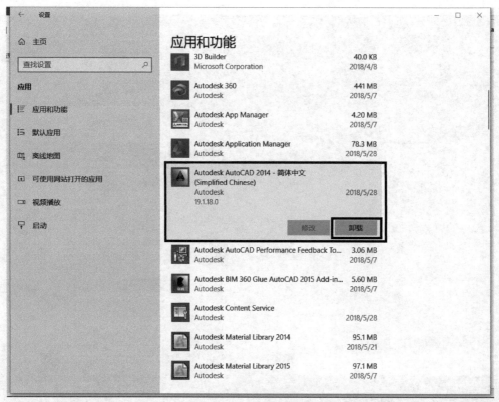

图 0-17 "应用"对话框

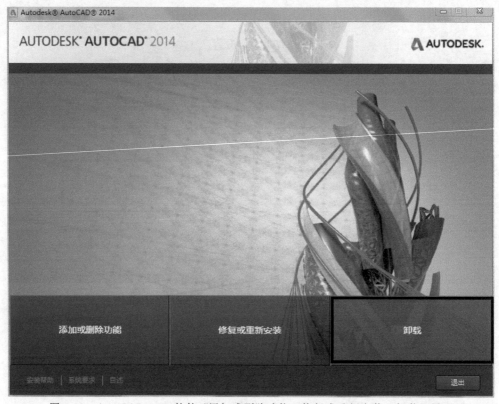

图 0-18 AutoCAD 2014 软件"添加或删除功能、修复或重新安装、卸载"界面

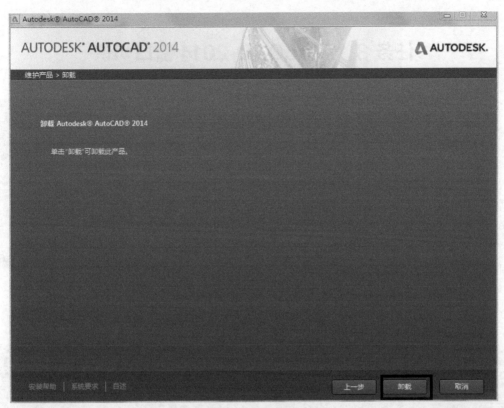

图 0-19 "卸载"对话框

图 0-20 卸载进行中

任务 3 AutoCAD 2014 窗口初识

0.3.1 AutoCAD 2014 软件启动与关闭

1. AutoCAD 2014 软件启动

基于 Microsoft Windows 10 操作系统，安装 AutoCAD 2014 软件后，系统会自动在 Windows 桌面上生成对应的快捷方式，同时在"开始"菜单中也放置了 AutoCAD 2014 应用程序。因此，启动 AutoCAD 2014 的方式有以下三种。

（1）直接在电脑桌面上双击"AutoCAD 2014 简体中文"图标启动，如图 0-21 所示。

（2）单击任务栏上的"开始"按钮，在"开始"菜单组中单击"AutoCAD 2014 简体中文"菜单项，如图 0-22 所示。

图 0-21 桌面上"AutoCAD 2014 简体中文"图标

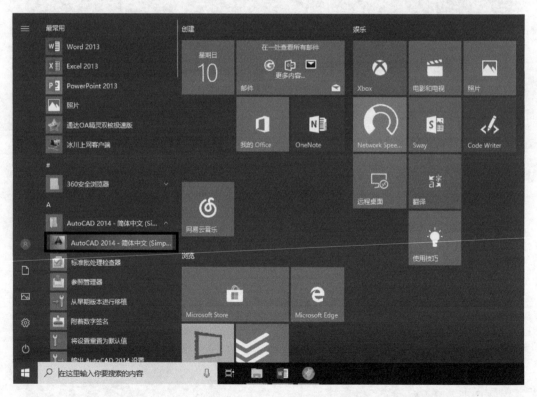

图 0-22 "开始"菜单组中的"AutoCAD 2014 简体中文"菜单页

（3）找到安装"AutoCAD 2014 简体中文"所在的硬盘分区，在目录中找到"acad"图标，并双击该图标启动程序，如图 0-23 所示。

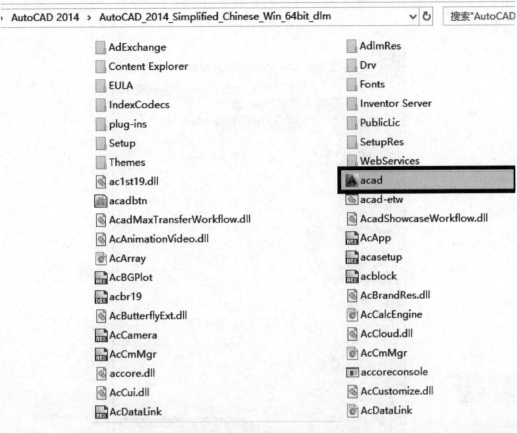

图 0-23　"AutoCAD 2014 简体中文"安装所在硬盘中的"acad"图标

2. AutoCAD 2014 软件关闭

基于 Microsoft Windows 10 操作系统，关闭 AutoCAD 2014 主程序的方法有以下五种。

（1）单击主窗口标题栏右上角的关闭按钮。

（2）按下 Alt＋F4 组合键关闭主程序。

（3）按下 Ctrl＋Q 组合键关闭主程序。

（4）在命令行里输入：QUIT 或 EXIT，然后单击 Enter 健，如图 0-24 所示。

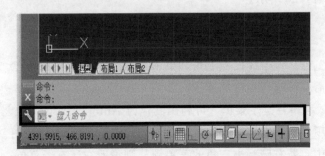

图 0-24　命令行里输入：QUIT 或 EXIT

（5）在菜单浏览界面单击"退出 Autodesk AutoCAD 2014"按钮，如图 0-25 所示。

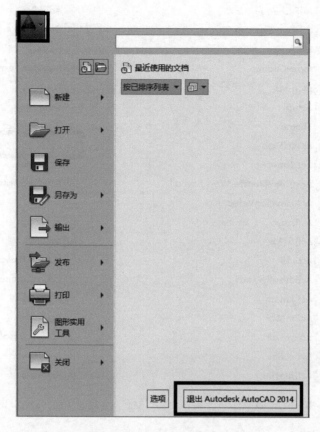

图 0-25　菜单浏览界面

0.3.2　AutoCAD 2014 简体中文软件窗口初识

1. AutoCAD 2014 经典工作界面

AutoCAD 2014 经典工作界面由菜单浏览器、工具栏、标题栏、菜单栏、工具选项面板、绘图窗口、光标、坐标系图标、模型/布局选项卡、文本窗口和命令行、状态栏等部分组成，如图 0-26 所示。

（1）标题栏。AutoCAD 2014 标题栏是用于显示程序图标，以及当前所操作图形文件的名字，如图 0-27 所示。

（2）菜单浏览器。位于界面左上角，单击菜单浏览器，AutoCAD 2014 会将浏览器展开，用户根据需要可执行相应的操作，如图 0-28 所示。

（3）菜单栏。菜单栏是主菜单，可利用其执行 AutoCAD 2014 的大部分命令，单击菜单栏中的某一项，会弹出相应的下拉菜单，如图 0-29 所示为"视图"下拉菜单。

在下拉菜单中，若右侧有小三角的菜单项，则说明它还有子菜单；若右侧没有小三角的菜单栏，则单击它后会执行相应的命令。

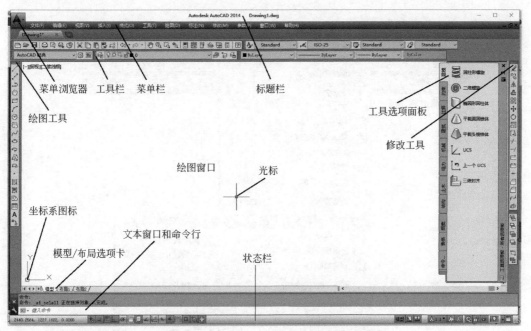

图 0-26 AutoCAD 2014 经典工作界面

Autodesk AutoCAD 2014   Drawing1.dwg

图 0-27 标题栏

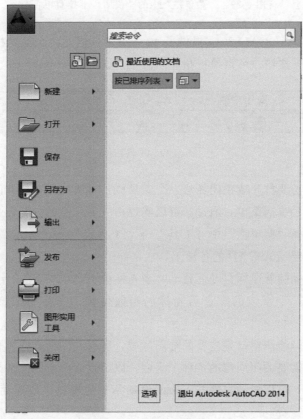

图 0-28 菜单浏览器

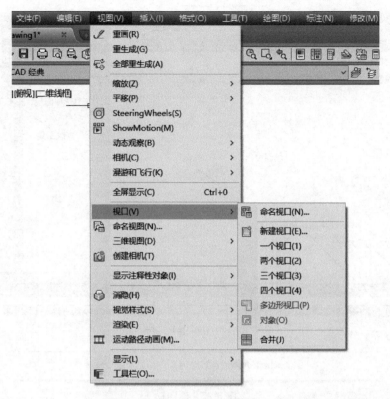

图 0-29   "菜单栏"中的"视图"下拉菜单

（4）工具栏。AutoCAD 2014 提供了 40 多个工具栏，每个工具栏上均有一些形象化的按钮，单击某一按钮，可以执行相应的命令，如图 0-30 所示。

图 0-30   工具栏

用户可以根据需要打开或关闭任意一个工具栏，方法为：在已有的工具栏上单击右键，就会弹出工具栏快捷菜单，通过其可以实现相应工具栏的打开和关闭。

此外，通过选择"菜单栏"中"工具"→"工具栏"→"AutoCAD"对应的子菜单命令，也可以打开 AutoCAD 的各种工具栏，如图 0-31 所示。

（5）光标。光标随着鼠标移动而移动，当光标位于 AutoCAD 的绘图窗口时为十字形，又称十字光标，十字线的交点为光标的当前位置，光标用于绘图、选择对象等操作。

（6）绘图窗口。绘图窗口是主要的绘图区域，所有的图形创建都是在该区域内完成的，用户可以根据需要关闭周围的各种工具栏，以增大绘图空间。如果图样较大，需要查看未显示部分时，可以滑动右侧与下边的滚动条上的按钮，或拖动滚动条上的滑块，可以移动图样进行查看。

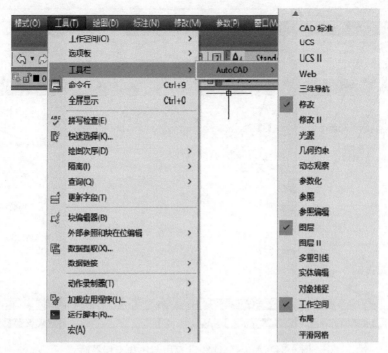

图 0-31　"菜单栏"中打开"工具栏"

（7）文本窗口和命令行。文本窗口和命令行是 AutoCAD 显示用户从键盘输入的命令和显示提示信息的地方，用户可以通过拖动窗口边框方式改变命令窗口的大小和位置，如图 0-32 所示。

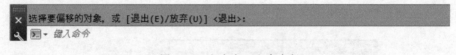

图 0-32　文本窗口和命令行

（8）模型/布局选项卡。模型/布局选项卡用于实现模型空间与图样空间的切换，默认状态为模型空间，在该模型下，将按实际尺寸绘制图形。

（9）状态栏。状态栏位于 AutoCAD 2014 工作界面的最底层，用于显示 AutoCAD 2014 当前的状态，通过点击相应的按钮可以执行相应的操作，如图 0-33 所示。

图 0-33　状态栏

2. AutoCAD 2014 草图与注释工作界面

AutoCAD 2014 草图与注释工作界面，由菜单浏览器、标题栏、菜单栏、快速访问工具栏、功能区、绘图窗口、光标、坐标系图标、模型/布局选项卡、文本窗口和命令行、状态栏、导航栏、ViewCube 工具等部分组成，其中快速访问工具栏、功能区、导航栏、ViewCube 工具，与 AutoCAD 2014 经典工作界面不同，如图 0-34 所示。

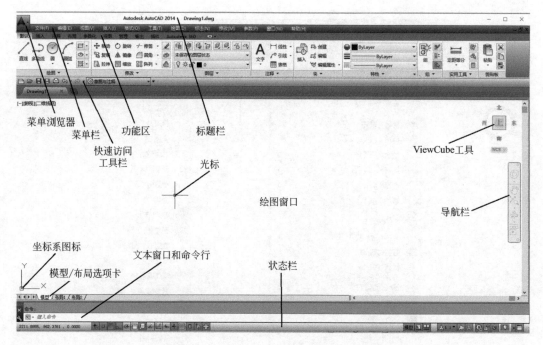

图 0-34　AutoCAD 2014 草图与注释工作界面

（1）快速访问工具栏。AutoCAD 2014 快速访问工具栏包含最常用的操作快捷按钮，方便用户使用。在默认状态下，快速访问工具栏中包含 8 个快捷工具，分别为"新建"按钮、"打开"按钮、"保存"按钮、"另存为"按钮、"打印"按钮、"放弃"按钮、"重做"按钮和"工作空间"按钮，单击右侧的三角形下拉菜单，可以对快速访问工具栏中的操作按钮进行添加和删除，如图 0-35 所示。

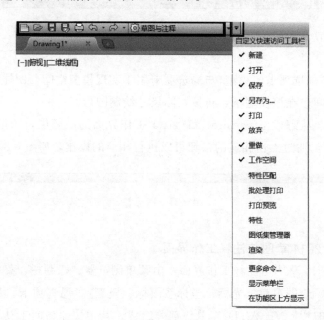

图 0-35　快速访问工具栏

（2）功能区。功能区是一种特殊的选项板，位于绘图区的上方，是菜单和工具栏的主要代替工具，用于显示与基于任务的工作空间关联的按钮和空间。默认状态下，"功能区"选项板中包含"默认"、"插入"、"注释"、"布局"、"参数化"、"视图"、"管理"、"输出"、"插件"、"Autodesk 360"、"最小化为面板"11个选项卡，每个选项卡中包含若干个面板，每个面板中又包含许多命令按钮，如图0-36所示。

图 0-36　功能区

（3）导航栏。导航栏是在许多 Autodesk 产品中提供的工具，特定产品的导航工具仅在特定的产品中提供，导航栏沿当前模型窗口的一侧浮动。默认状态下，导航栏包含"全导航控制盘"、"平移"、"范围缩放"、"动态观察"和"ShowMotion"等按钮。导航栏每个按钮下面有三角形选项，可以进行其他工具选择，如图0-37所示。

图 0-37　导航栏按钮

（4）ViewCube 工具。在绘图区的右上角会出现 ViewCube 工具，用于控制图形的显示和视角，如图0-38所示。

图 0-38　ViewCube 工具

AutoCAD 2014 为用户提供了4种工作空间，分别为"AutoCAD经典"、"草图与注释"、"三维基础"和"三维建模"，不同的工作空间可以进行不同的操作，"三维基础"和"三维建模"工作界面分别如图0-39、图0-40所示。

图 0-39   "三维基础"工作界面

图 0-40   "三维建模"工作界面

项目1

电子元器件图的绘制

【项目导读】

在电气工程制图中，每种不同的电子元器件有各自不同的电气符号相对应，例如二极管，我们就用这样的 —▷— 电气符号来代替表示。但是，在电子元器件的制作与生产过程中，电子元器件本身的外形参数与外形结构尤其重要，清晰明确地绘制电子元器件外形三视图是生产电子元器件的关键。除此之外，随着 AutoCAD 等设计软件的发展，设计与生产不再局限于二维平面的图纸，而是向三维设计文件发展，利用三维设计软件设计外形结构，比二维平面图纸更具体形象，也更能进行设计的变更和再创造。

【项目要求】

利用 AutoCAD 2014 软件，利用各种绘图功能进行二极管三视图的绘制，并完成标注。利用 AutoCAD 2014 的三维绘图功能，绘制继电器的简易三维图。该项目要求掌握以下技能：

① 知道机械制图国家标准和三视图特性；

② 能绘制出二极管的三视图；

③ 能对二极管三视图进行标注；

④ 掌握 AutoCAD 2014 三维绘图的基本操作方法；

⑤ 能绘制继电器的三维图。

【项目实施】

任务 1　二极管三视图的绘制

【任务概述】

二极管是电路中最常用的电子元件，它是一种具有两个电极的装置，只允许电流由单一方向流过电子元件，它具有整理、开关、限幅、检波、稳压、显示等作用。其中1N4007 是封装形式为 DO—41 的塑料封装型通用硅材料整流二极管，如图 1-1 所示。它利用二极管单向导电性，可以把方向交替变化的交流电变换成单一方向的脉冲直流电，广泛应用于各种交流变直流的整流电路中，也用于桥式整流电路。

我们需要利用 AutoCAD 2014 软件，通过如图 1-1 所示二极管实物图绘制二极管三视图。本项目中的任务 1 主要利用软件 AutoCAD 完成二极管三视图的绘制，要求能初

图 1-1   1N4007 型二极管

步使用软件绘制电气图纸，在动手绘制图纸之前，应当学习和掌握二维图纸的国家标准和制图规则。本任务先通过学习电气制图的基本知识，然后利用绘图命令绘制二极管三视图，最后对平面图纸进行标注。通过本任务的学习，大家能对电气元器件三视图绘制有个初步的认识，为今后学习其他类似项目打下基础。完成本任务，要求能绘制出如图1-2 所示的二极管三视图。

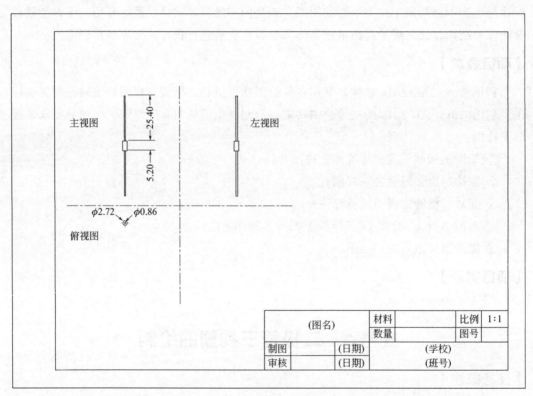

图 1-2   二极管三视图

【任务实施】

1.1.1   电气工程图的制图规范与基本概念

电气工程图主要用来描述电气设备或系统的工作原理，是沟通电气设计人员、安装人员、操作人员的工程语言，是进行技术交流不可缺少的重要手段。电气工程图既可以根据功能和使用场合分为不同的类别，也具有一定的格式和一些基本规定、要求。我国颁布的国家标准 GB/T 18135—2008《电气工程 CAD 制图规则》，对电气工程图的制图标准作了详细的规定，电气制图技术人员都必须了解和掌握这些规定。

1. 图纸幅面及格式（GB/T 14689—2008）

图面的构成：由边框线、图框线、标题栏、会签栏等组成。

由图纸的长边和短边尺寸所确定的图纸大小称为图纸幅面。在绘制图样时，应优先采用表 1-1 中所规定的基本幅面尺寸。

表 1-1　图纸幅面尺寸

幅面代号	A0	A1	A2	A3	A4
$B \times L$	841×1189	594×841	420×594	297×420	210×297
a	25				
c	10			5	
e	20		10		

注：表中 B 为短边尺寸；L 为长边尺寸；a 为装订边宽度；c 为其余三边宽度；e 为无装订边的周边宽度。

表示一张图幅大小的框线称为图纸的边框线，用细实线绘制。在边框线里面，根据不同的周边尺寸，用粗实线绘制图框线。需要装订的图样和不需装订的图样，其图框格式如图 1-3 所示。

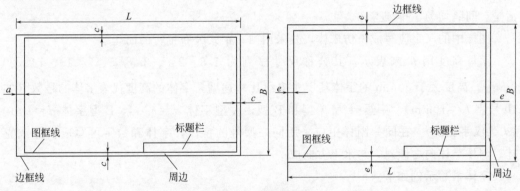

图 1-3　图框格式

根据表述对象的规模大小、复杂程度、所要表达的详细程度、有无图衔及注释的数量来选择较小的适合幅面。

2. 标题栏的方位与格式

标题栏的格式在国家标准 GB/T 10609.1—2008 中已有明确规定，如图 1-4 所示。

3. 比例（GB/T 14690—1993）

比例是图中图形与实物相应要素的线性尺寸之比。为了反映机件的真实大小，应尽量采用原值比例（1∶1）。当机件过大或过小时，可分别采用缩小或放大的比例。无论是缩小还是放大，在标注尺寸时，必须标注机件的真实尺寸，常用比例如表 1-2 所示。

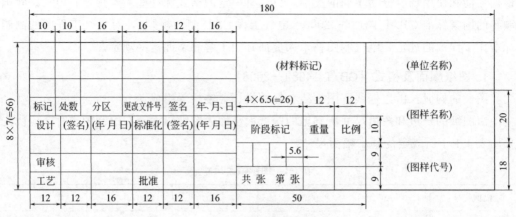

图 1-4　标题栏格式

表 1-2　常用比例列表

与实物相同	1:1					
缩小的比例	1:2	1:5	1:10	$1:(2\times10^n)$	$1:(5\times10^n)$	$1:(1\times10^n)$
放大的比例	5:1	2:1	$(5\times10^n):1$	$(2\times10^n):1$	$(1\times10^n):1$	

4. 字体（GB/T 14691—1993）

工程图样中，除了图形外，还要用汉字、数字、字母等来标注尺寸和说明设计、制造、装配时的各项要求。在图样中书写汉字、数字、字母时，必须做到字体工整、笔画清楚、间隔均匀、排列整齐。

图样中的汉字应写成长仿宋体，并采用国家正式公布推行的简化字。

字体高度用 h 来表示，其公称尺寸序列为 1.8、2.5、3.5、5、7、10、14、20（mm）。高度大于 20mm 的字体其尺寸按 $\sqrt{2}$ 比率递增，字体的高度代表字体的号数（如 10 号字 $h=10$mm）。字母分为 A 型和 B 型，A 型字体 $d=h/14$，B 型字体 $d=h/10$（d 为汉字宽度）。在同一图样中应采用同一型号的字体，字体和数字可写成斜体或直体，斜体字体向右倾斜，与水平方向成 75°。

字体书写示例如下。

长仿宋体：

字体工整　笔画清楚　间隔均匀　排列整齐

拉丁字母：A 型大写斜体

ABCDEFGHIJKLMNOPQRSTUVWXYZ

拉丁字母：A 型小写斜体

abcdefghijklmnopqrstuvwxyz

希腊字母：A 型大写斜体

ABΓΔEZHΘIKΛMNΞOΠPΣTYΦXΨΩ

希腊字母：A 型小写斜体

$$\alpha\beta\gamma\delta\varepsilon\zeta\eta\theta\iota\kappa\lambda\mu\nu\xi o\pi\rho\sigma\tau\upsilon\phi\chi\psi\omega$$

阿拉伯数字：斜体

$$0123456789$$

阿拉伯数字：直体

$$0123456789$$

罗马数字：A 型斜体

$$I \ II \ III \ IV \ V \ VI \ VII \ VIII \ IX \ X$$

罗马数字：A 型直体

$$I \ II \ III \ IV \ V \ VI \ VII \ VIII \ IX \ X$$

5. 图线（GB/T 17450—1998，GB/T 4457—2002）

图线的样式如表 1-3 所示。

表 1-3　图线的样式

图线名称	图线形式	图线宽度	应用举例
粗实线		粗	可见轮廓线、移出剖面的轮廓线、可见导线
虚线	12d　　3d	细	不可见轮廓、辅助线、屏蔽线、机械连接线
细实线		细	尺寸线、尺寸界线、剖面线、引出线
点画线	≤0.5d　24d　3d	细	轴心线、中心线、对称中心线、结构围框线、功能围框线
双点画线	≤0.5d　24d　3d	细	假想投影轮廓线、极限位置的轮廓线、相邻辅助零件的轮廓线、辅助围框线
波浪线		细	断裂的边界线、视图与剖视的分界线

图线的宽度规定如下。

① 通常只选用两种宽度的图线，粗线的宽度为细线宽度的两倍，主要图线粗些，次要图线细些。对复杂的图纸也可采用粗、中、细三种线宽，线的宽度按 2 的倍数依次递增，但线宽种类也不宜过多。

② 使用图线绘图时，应使图形的比例和配线协调恰当，重点突出，主次分明，在同一张图纸上，按不同比例绘制的图样及同类图形的图线粗细应保持一致。

③ 细实线是最常用的线条，在以细实线为主的图纸上，粗实线主要用于主回路线、图纸的图框及需要突出的设备、线路、电路等处。指引线、尺寸线、标注线应使用细实线。

④ 平行线之间的最小间距不宜小于粗线宽度的两倍，同时最小不能小于 0.7mm。

6. 尺寸标注

（1）标注尺寸的基本规则。机体的真实大小应以图样中所标注的尺寸值为依据，与图形的大小及绘图的准确度无关。图样中的尺寸以毫米为计量单位，不需标出尺寸单位的代号或名称。每一要素的尺寸一般只标注一次，并应标注在反映该要素最清晰的视图处。图样中所标注的尺寸为该图样所示机体的最后完工尺寸，否则应另加说明。

（2）尺寸的组成与注法。尺寸由四个要素组成，包括尺寸数字、尺寸线、尺寸箭头和尺寸界线，标注尺寸的方法详见表1-4。

表 1-4　标注尺寸的方法

项目	图例	说明
尺寸的组成		一个完整的尺寸由四个要素组成： （1）尺寸数字 （2）尺寸线 （3）尺寸箭头 （4）尺寸界线
尺寸数字		（1）尺寸数字一般应注写在尺寸线的上方或中断处，当位置不够时，可注写在尺寸线的一侧引线上 （2）数字的高度方向应与尺寸线垂直 （3）尺寸数字一般用 3.5 号斜体字书写，对于非水平方向的尺寸，其数字也可水平书写在尺寸线的中断处 （4）对于各种位置斜尺寸的尺寸数字，可按左图(b)所示方向注写，并尽量避免在图示有阴影线的 30°范围内注写尺寸数字 （5）尺寸数字不能与图线相交，否则，需将图线断开
尺寸线		（1）尺寸线均用细实线绘制 （2）尺寸线应平行于被标注的线段，其间隔约为 5～10mm （3）尺寸线不能用其他图线来代替，也不允许画在其他图线的延长线上 （4）尺寸线间或尺寸线与尺寸界线之间应尽量避免相交 （5）几个相互平行的尺寸线应遵循小尺寸在里，大尺寸依次在外的原则，且间隔约为 5～10mm

尺寸数字一般应注写在尺寸线的上方或中断处，当位置不够时，可写在尺寸线的一侧引线上。

1.1.2　三视图及三投影体系

物体向一到两个面的投影往往不能准确地表达物体的形状。如图 1-5 所示，两个形状不同的物体，在同一投影面上的投影却是相同的。若要准确反映物体的形状，必须将物体按不同的投射方向，向不同的投影面进行投影，由所得到的几个投影相互补充，才能将物体表达清楚，通常将物体放在三投影面体系中进行投影。

按国家标准规定，三投影面体系由三个互相垂直的投影面构成，如图 1-6 所示。其中，处于正立位置的投影面称为正立投影面（简称正面，用 V 面表示），处于水平位置的投影面称为水平投影面（简称水平面，用 H 面表示），处于侧面位置的投影面称为侧立投影面（简称侧面，用 W 面表示）。投影面之间的交线称为投影轴，分别用 OX、OY、OZ 表示。其中，OX 轴代表长度方向，OY 轴代表宽度方向，OZ 轴代表高度方向，三投影轴的交点称为原点，用 O 表示。

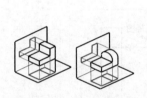

图 1-5　物体的双面投影

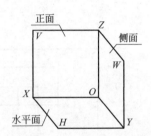

图 1-6　三投影面体系

（1）三视图。将物体置于三投影面体系中，分别向三个投影面投射所得到的图形称为物体的三面投影或三视图。从前向后投射，在 V 面上得到的图形称为正面投影或主视图；从上向下投射，在 H 面上得到的图形称为水平投影面或俯视图；从左往右投射，在 W 面上得到的图形称为侧立投影面或左视图。如图 1-7 所示。

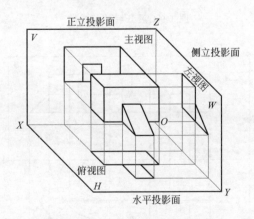

图 1-7　物体在三投影面体系的投影图

为了三个视图画在一张纸上，国家标准规定：V 面位置保持不动，将 H 面绕 OX 轴向下旋转 90°，将 W 面绕 OZ 轴向右旋转 90°，使二者与 V 面重合，如图 1-8 和图 1-9

所示；然后去掉与实体表达无关的投影面标记、边框和投影轴，即形成了物体的三视图，如图 1-10 所示。

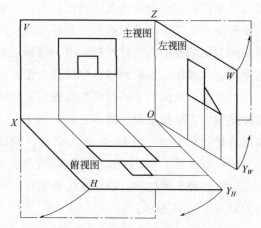

图 1-8　三投影面的展开方法

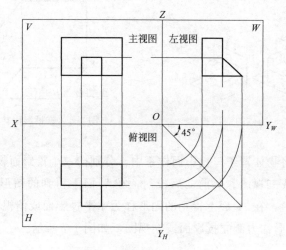

图 1-9　展开后的三视图

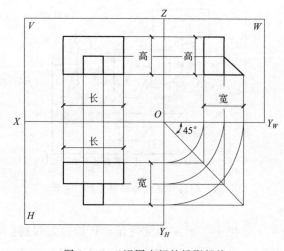

图 1-10　三视图之间的投影规律

（2）三视图的投影特性。由图 1-10 所示可知三个视图的相对位置关系为：以主视图为准，俯视图在主视图的正下方，左视图在主视图的正右方。主视图和俯视图都反映了物体的长度，主视图和左视图都反映了物体的高度，俯视图和左视图都反映了物体的宽度，三个视图之间存在下列对应关系：

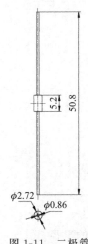

图 1-11 二极管主视图和俯视图

主视图和俯视图——长对正；

主视图和左视图——高平齐；

俯视图和左视图——宽相等。

"长对正、高平齐、宽相等"是三视图的投影特性，也称为"三等关系"，它不仅适用于整个物体的投影，也适用于物体表面上点、线、面的投影。

在我们本次绘制的二极管三视图中，如图 1-11 所示，也具有三视图的投影特性：主视图与俯视图，长对正，也就是主视图中二极管的主体圆柱宽度与俯视图中外圆的直径相同，主视图中两端引线的宽度与俯视图中内圆直径相同，并且在图 1-11 中，两视图中心对称线在一条竖直的直线上。对于二极管而言，主视图和左视图为相同的图形，在绘图过程中，简单的圆柱形图形，一般只用绘制两个视图就可表达出所有的几何特征。所以在图 1-11 中，我们省去了左视图，仅保留主视图和俯视图，因为这两个视图足以描述其所有几何特征。

1.1.3　二极管三视图的绘制

1. 草图界面的基本命令操作

（1）"直线"命令的使用。AutoCAD 2014 软件中，"直线"命令是最基本、最常用的绘图命令，调用"直线"命令的方法如下。

① 在菜单栏中单击"绘图"，在下拉菜单中选择"直线"命令，如图 1-12 所示。

② 选择左侧的绘图工具：单击 按钮。

③ 命令行：输入 linc 或 L，按 Enter 键。

启动命令后，命令行提示如下。

指定第一点：//在命令行输入点的坐标或者是使用鼠标在绘图区指定一点作为起点。

指定下一点或［放弃（U）］：//在命令行输入点的坐标或者使用鼠标在绘图区指定下一点，输入"U"取消上一步操作。如果继续输入第三点，会出现以第二点作为起点，第三点作为终点的直线。

图 1-12 选择"直线"命令

指定下一点或［闭合（C）或放弃（U）］： //继续做直线，如果要结束，可按 Enter 键。

（2）"多边形"命令的使用。正多边形是由 3～1024 条边组成的等边封闭多边形，可以通过以下三种方式调用"多边形"命令。

① 下拉菜单：执行"绘图"→"多边形（Y）"命令。

② 左侧绘图工具栏：单击 ⬡ 按钮。

③ 命令行：输入 polygon 或 POL，按 Enter 键。

启动命令后，命令行指示如下。

POLYGON _ polygon 输入侧面数＜4＞： //指定多边形的边数。

指定正多边形的中心点或［边（E）］： //指定绘图模式。

温馨提示：命令行中选项的含义解释如下。

① 指定正多边形的中心点或［边（E）］：选择"中心点"，命令行显示为：

输入选项［内接于圆（I）/外切于圆（C）］＜I＞：

a. 内接于圆：指定外接圆的半径，正多边形的所有顶点都在该圆周上。

b. 外切于圆：指定从正多边形中心到各边中点的距离，作为指定圆的半径。

② 指定正多边形的中心点或［边（E）］：选择 E 选项，命令行显示为：

指定边的第一个端点：指定边的第二个端点： //指定一边上的两个端点。

（3）AutoCAD 经典模式中草图设置的使用。AutoCAD 2014 提供了很多绘图辅助工具，比如正交、对象捕捉、动态输入等，这些辅助工具可以帮助用户更容易、更准确地绘制图形，用户可以通过"草图设置"功能对这些辅助工具进行设置，命令行左下方为"草图设置"功能条，如图 1-13 所示。然后在"草图设置"功能条上右击，在弹出的对话框中单击"设置"，就调出"草图设置"对话框，可以对各种功能进行设置，如图 1-14 所示。

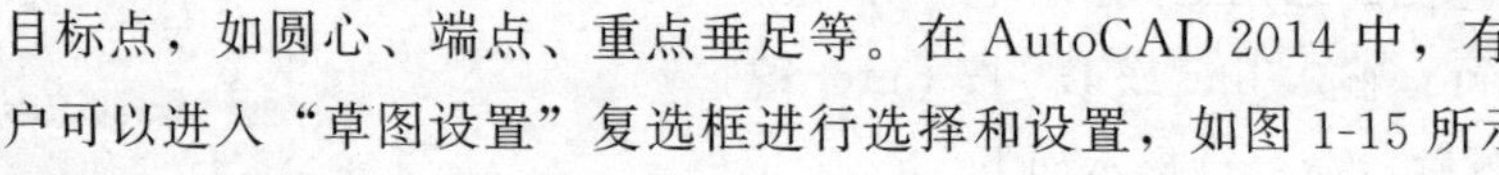

图 1-13 "草图设置"功能条

① "草图设置"中"对象捕捉"命令的使用。"对象捕捉"是 CAD 中最为重要的绘图辅助工具，使用"对象捕捉"可以精确定位，使用户在绘图过程中可直接利用光标来准确地确定目标点，如圆心、端点、重点垂足等。在 AutoCAD 2014 中，有很多对象捕捉模式，用户可以进入"草图设置"复选框进行选择和设置，如图 1-15 所示。

启动"对象捕捉"常采用以下几种方式。

第一种：右击功能条中的 ⬜ 按钮，选择"对象捕捉"模式，若该 ⬜ 按钮亮着，则说明该命令是打开状态，否则是关闭状态。如图 1-16 所示。

第二种：命令行输入 OSNAP，按 Enter 键。

第三种：按键盘上的 F3，命令行里会出现"对象捕捉"，可关闭或打开。

第四种：在工具栏上右击，选择对象捕捉，打开对象捕捉工具栏，如图 1-17 所示。

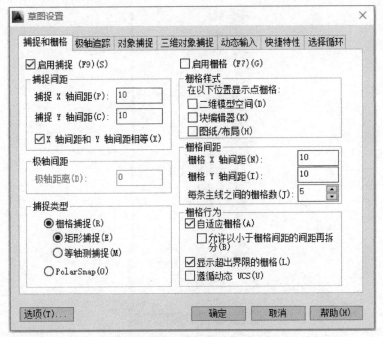

图 1-14　"草图设置"对话框

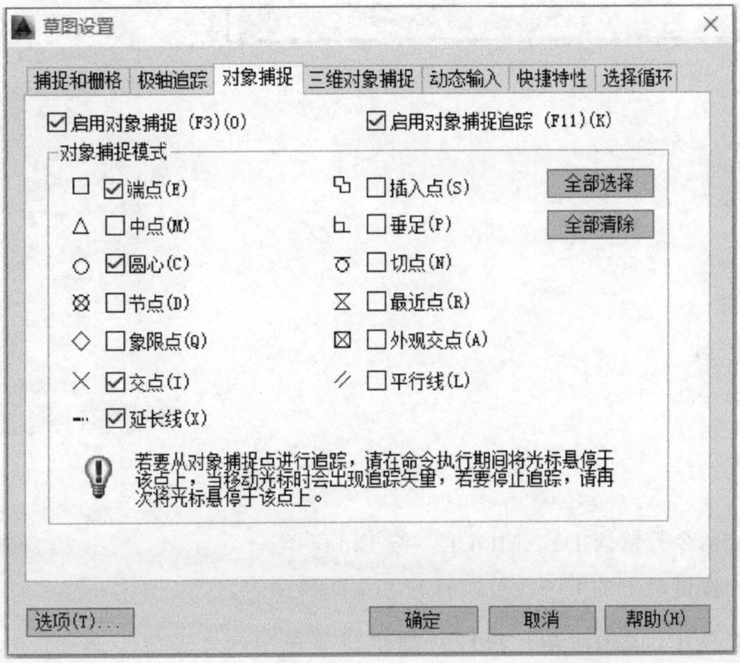

图 1-15　"草图设置"中"对象捕捉"对话框

②"草图设置"中"动态输入"命令的使用。执行"动态输入"命令以后，指针位置处显示标注输入和命令提示等信息，方便用户绘图，提高绘图效率。可以通过以下方式调用"动态输入"命令。

第一种：单击功能条中的 ⌞ 按钮，若该 ⌞ 按钮亮着，则说明该命令是打开状态，否则是关闭状态。

图 1-16　"草图设置"功能条中打开"对象捕捉"命令

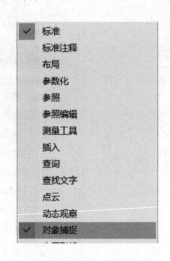

图 1-17　"对象捕捉"工具栏

第二种：命令行输入 DYNMODE，按 Enter 键。

第三种：按键盘上的 F12，可以打开和关闭该命令。

右击功能条中的 按钮，执行右键快捷菜单中的"设置"命令，弹出"草图设置"对话框，选择"动态输入"命令，如图 1-18 所示。

③"草图设置"中"正交"命令的使用。"正交"命令用于将十字光标限制在水平和垂直方向上移动，可以通过以下方式调用"正交"命令。

第一种：单击功能条中的 按钮，若该 按钮亮着，则说明该命令是打开状态，否则是关闭状态。

第二种：命令行里输入 ORTHO，按 Enter 键。

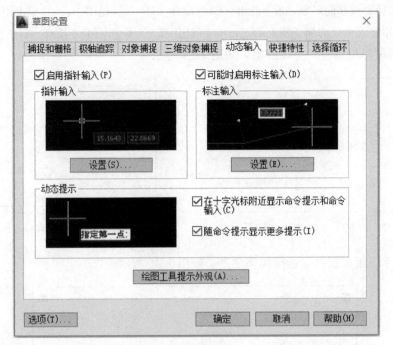

图 1-18　"草图设置"对话框中选择"动态输入"命令

第三种：按键盘上的 F8 键。

"草图设置"对话框中还有"捕捉和栅格""极轴追踪""三维对象捕捉""快捷特性""选择循环"命令，以及"草图设置"功能条上的功能按钮，如图 1-19 所示。

INFER 捕捉 栅格 正交 极轴 对象捕捉 3DOSNAP 对象追踪 DUCS DYN 线宽 TPY QP SC AM

图 1-19　"草图设置"功能条

2. 图框的绘制

指定图框的大小，方便图形输出打印。一般图框大小为 A4 图幅的图框，具体绘制图框如下。

（1）单击 ▭ 矩形按钮或者命令行输入 RECTANG 矩形命令。

（2）指定第一个角点或［倒角（C）/标高（E）/圆角（F）/厚度（T）/宽度（W）］：//用鼠标单击绘图区域任意一点。

（3）指定另一个角点或［面积（A）/尺寸（D）/旋转（R）］：//输入 D。

（4）指定矩形的长度 <0.0000>：//输入 297。

（5）指定矩形的宽度 <0.0000>：//输入 210。

（6）指定另一个角点或［面积（A）/尺寸（D）/旋转（R）］：//单击绘图区域任意一点，完成绘制，如图 1-20 所示。

（7）单击 ⧉ 偏移按钮或者命令行输入 OFFSET 偏移命令。

（8）指定偏移距离或［通过（T）/删除（E）/图层（L）］<0.0000>：//输入 10。

（9）选择要偏移的对象，或［退出（E）/放弃（U）］＜退出＞： //单击矩形图形。

（10）指定要偏移的那一侧上的点，或［退出（E）/多个（M）/放弃（U）］＜退出＞：
//在矩形图形里单击，完成绘制，如图 1-21 所示。

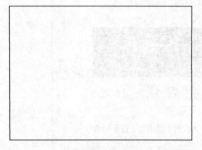 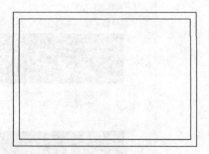

图 1-20　长方形（297×210）图形　　　　　　图 1-21　长方形偏移后的图形

（11）单击矩形图形，选择拉伸命令，如图 1-22 所示。

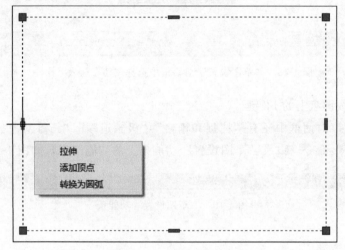

拉伸
添加顶点
转换为圆弧

图 1-22　选择拉伸命令

（12）指定拉伸点： //输入 15，完成绘制，如图 1-23 所示。

图 1-23　A4（297×210）图幅图框

3. 标题信息栏的绘制

标题信息栏的绘制一般采用绘制表格的方式，可以通过以下方式调用表格命令，具
体如下。

（1）下拉菜单：执行"绘图"→"表格"命令。

（2）"绘图"工具栏：单击 表格按钮。

（3）命令行：输入 TABLE，按 Enter 键。

执行"表格命令"以后，弹出"插入表格"对话框，如图 1-24 所示。

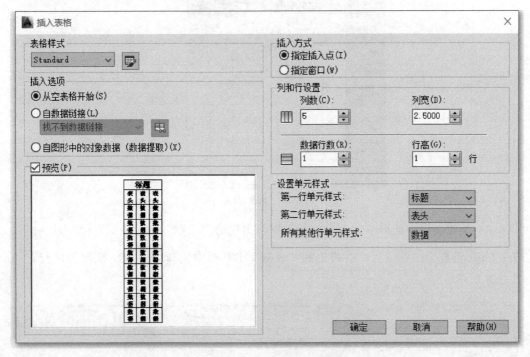

图 1-24 "插入表格"对话框

绘制一个标题信息栏到新文件中，如图 1-25 所示，具体步骤如下。

15	35	15	15

16	（图名）		材料		比例	
			数量		图号	
8	设计		（日期）	（校名）		
8	审核		（日期）	（班号）		
15	25	20				

图 1-25 绘制的标题信息栏

（1）单击绘图工具栏中的 按钮，在弹出的对话框中，设置"列和行设置"选项，设置列为 7，行为 4，如图 1-26 所示。

图 1-26 列和行的设置

（2）单击"确定"按钮，在绘图区域指定一点，就创建一个6行7列的表格，如图1-27所示。

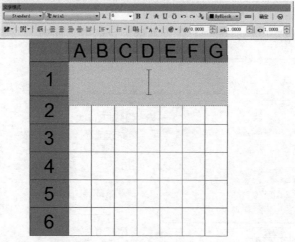

图1-27　创建表格

（3）新建表格中的第一行和第二行是默认出现的"标题"和"表头"。单击第一行，按住Shift键再单击第二行，在弹出的"表格"工具栏中选择 按钮，删除前两行，如图1-28所示。

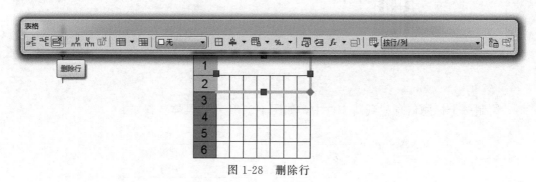

图1-28　删除行

（4）选择左上角6个格子（单击第一个格子，按住Shift键，再选择其他5个格子），单击 按钮，选择"全部"合并命令，如图1-29、图1-30所示。

（5）选择右下角8个格子，重复步骤（4），执行合并命令，如图1-31所示。

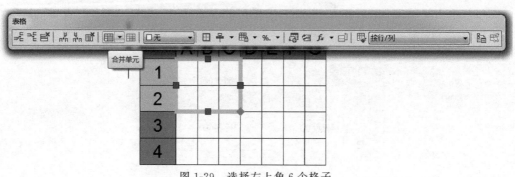

图1-29　选择左上角6个格子

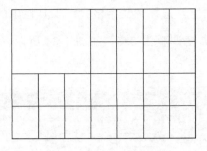

图 1-30 合并后的图形

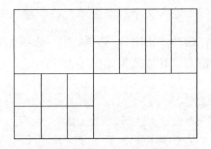

图 1-31 执行步骤（5）合并后的效果

（6）调整表格尺寸，选择需要调整的单元格，右击鼠标，单击"特性"命令，在弹出的对话框里设置"单元高度"和"单元宽度"，如图 1-32 所示。调整尺寸以后的效果如图 1-33 所示。

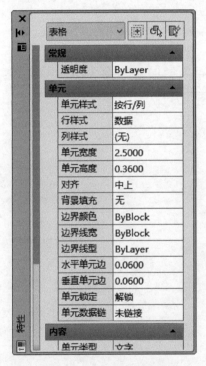

图 1-32 "特性"对话框

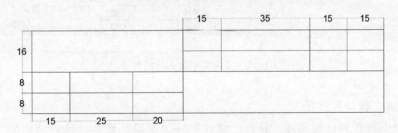

图 1-33 调整尺寸以后的效果

（7）输入文字，双击单元格，输入对应的文字，选择"文字格式"工具栏中的 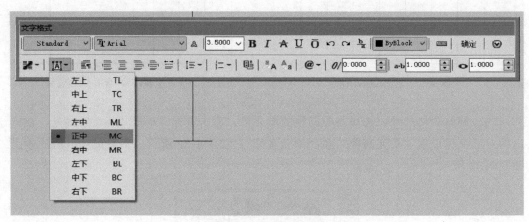 按钮，选择"正中"，选择 选项，将文字高度调整为 3.5，如图 1-34 所示，完成文字输入，具体效果如图 1-35 所示。

图 1-34　调整文字格式

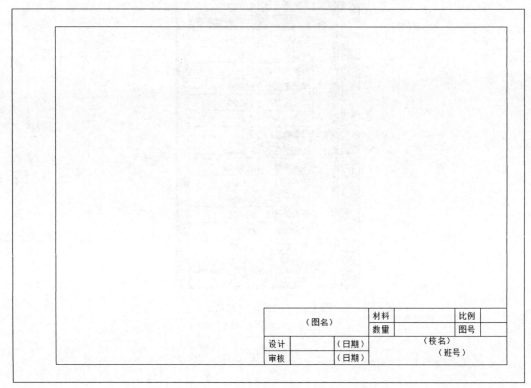

图 1-35　完成文字输入后的效果

4. 绘制二极管三视图

（1）启动图层特性管理器。执行"格式"→"图层"命令，执行"图层"命令后，弹出"图层特性管理器"对话框，建立三视图层、标注层、辅助线层、文字层，如图 1-36 所示。注意：默认 0 层不能删除和重命名。

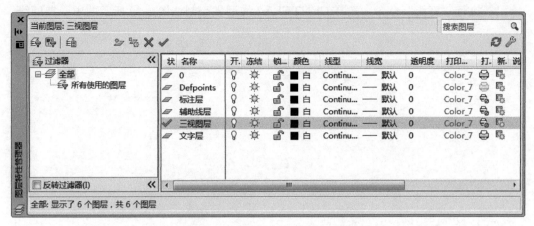

图 1-36 "图层特性管理器"对话框

（2）绘制主视图。

① 单击功能条的 ┗┓ 按钮，开启正交模式。

② 单击功能条的 ┼┱ 按钮，开启动态输入模式。

③ 单击功能条中的 □ 按钮，开启对象捕捉模式。

④ 选择"辅助线层"为当前层。

⑤ 修改线型样式：依次单击"菜单栏"→"格式"→"线宽"→"线型管理器"，单击"加载"，选择 CENTERX2 线型，将"实线"更改为"虚线"，并将全局比例因子调整为 20，如图 1-37 所示，将线条颜色选为红色，如图 1-38 所示。

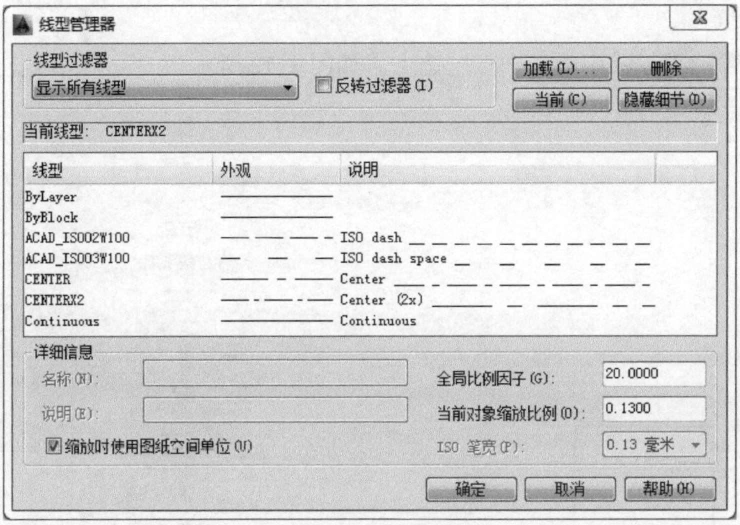

图 1-37 线型样式设置

图 1-38 CENTERX2 线型颜色设置

⑥ 执行"直线"命令，选择 CENTERX2 线型，绘制如图 1-39 所示的中心辅助线。

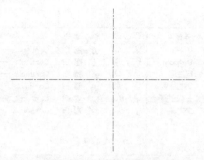

图 1-39　中心辅助线

⑦ 选择"三视图层"为当前层。

⑧ 选择如图 1-40 所示的线型设置。

图 1-40　线型设置

⑨ 执行"矩形"命令，绘制一个 2.72×5.20 的长方形，具体如下。

指定第一个角点或［倒角（C）/标高（E）/圆角（F）/厚度（T）/宽度（W）］：//单击绘图区域任意一点。

指定另一个角点或［面积（A）/尺寸（D）/旋转（R）］：　//输入 d。

指定矩形的长度 <10.0000>：　//输入 2.72。

指定矩形的宽度 <10.0000>：　// 输入 5.20，单击鼠标左键，完成绘制的长方形如图 1-41 所示。

⑩ 将对象捕捉模式中的"中点"选上，如图 1-42 所示。

图 1-41　2.72×5.20 的长方形　　　　图 1-42　在对象捕捉模式中选上"中点"

⑪ 执行"直线"命令，捕捉长方形底边中点，鼠标向左水平移动，输入 0.43，如图 1-43 所示，具体如下。

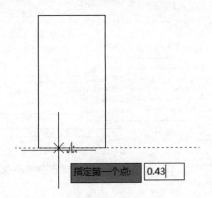

图 1-43 捕捉长方形底边中点

指定第一个点：//输入 0.43，按 Enter 键。

指定下一点或［放弃（U）］：// 鼠标垂直向下移动，输入 25.4。

指定下一点或［放弃（U）］：//鼠标水平向左移动，输入 0.86。

指定下一点或［放弃（U）］：//鼠标垂直向上移动，输入 25.4，按 Enter 键，完成绘制，如图 1-44 所示。

⑫ 单击 按钮，执行"镜像"命令，完成绘制，如图 1-45 所示。

图 1-44 执行步骤⑪后的图形   图 1-45 执行步骤⑫后的图形

⑬ 选择"辅助线层"为当前层。

⑭ 修改线型样式：依次单击"菜单栏"→"格式"→"线宽"→"线型管理器"，如图 1-46 所示，单击"加载"，选择 CENTERX2 线型，将"实线"更改为"虚线"，并将全局比例因子调整为 20，将线条颜色选为蓝色，如图 1-47 所示。

⑮ 单击 按钮，执行"直线"命令，选择直线为 CENTERX2 线型，完成主视图的绘制，如图 1-48 所示。

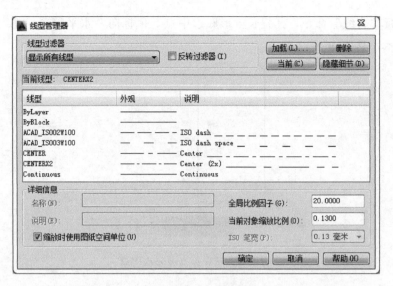

图 1-46　线型管理器

图 1-47　选择线条颜色

图 1-48　二极管主视图

（3）绘制俯视图。

① 单击功能条的 █ 按钮，开启正交模式。

② 单击功能条的 █ 按钮，开启动态输入模式。

③ 单击功能条中的 █ 按钮，开启对象捕捉模式。

④ 选择"三视图层"为当前层。

⑤ 单击 ⓒ 按钮，执行"圆"命令，步骤如下。

指定圆的圆心或［三点（3P）/两点（2P）/切点、切点、半径（T）］：　//捕捉蓝色虚线上的一点，单击鼠标。

指定圆的半径或［直径（D）］：　//输入 d。

指定圆的直径：　//输入 0.86，完成绘制。

⑥ 单击 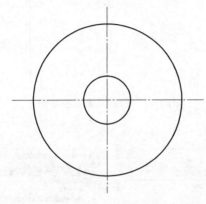 按钮，执行"圆"命令，步骤如下。

指定圆的圆心或［三点（3P）/两点（2P）/切点、切点、半径（T）］：　//捕捉前一个圆的圆心，单击鼠标左键。

指定圆的半径或［直径（D）］：　//输入 d。

指定圆的直径：　//输入 2.72，完成俯视图的绘制，如图 1-49 所示。

图 1-49　二极管俯视图

（4）绘制左视图，具体步骤如下。

① 单击功能条的 按钮，开启正交模式。

② 单击功能条的 按钮，开启动态输入模式。

③ 单击功能条中的 按钮，开启对象捕捉模式。

④ 单击 按钮，执行"复制"命令，步骤如下。

选择对象：　//框选二极管主视图，单击右键。

指定基点或［位移（D）/模式（O）］＜位移＞：　//单击二极管主视图上某一点，水平向右移动鼠标，单击鼠标左键，完成左视图绘制，如图 1-50 所示。

（5）标注二极管三视图。

① 将"标注层"设置为当前层。

② 删除蓝色辅助线。

③ 新建标注样式：依次单击"菜单栏"→"标注"→"标注样式"，在"标注样式管理器"对话框中新建标注样式，命名为"二极管标注"，并按图 1-51 进行相关参数的设置。

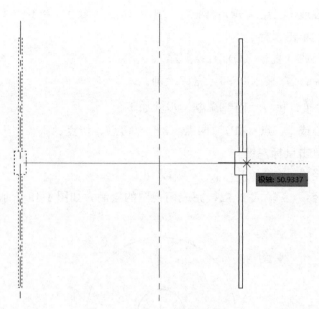

图 1-50 绘制二极管左视图

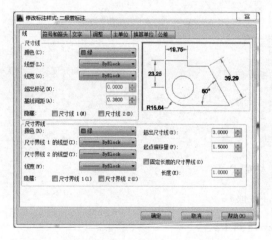

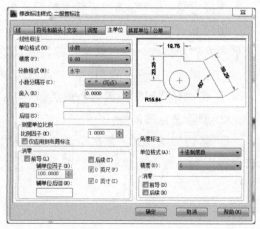

图 1-51 新建标注样式

④ 执行"标注"命令，完成标注，如图 1-52 所示。

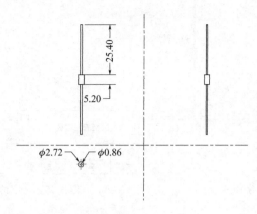

图 1-52 标注尺寸

（6）标注文字。

① 将"文字层"设置为当前层。

② 创建文字样式：依次单击"格式"→"文字样式"→"新建"，命名为"三视图文字"，并进行参数设置，如图 1-53 所示。

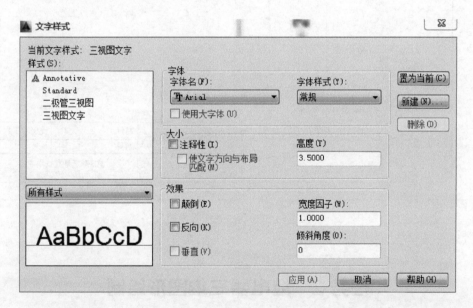

图 1-53 新建文字样式

③ 单击 **A** 按钮，执行"多行文字"命令，输入"主视图""俯视图""左视图"，完成文字输入，如图 1-54 所示。

④ 单击表格，执行"文字"编辑命令，输入相关文字，将文字高度调整为 3.5，单击 按钮，选择"正中"，最后单击"确认"，重复前面的操作，完成文字的输入和编辑，如图 1-55 所示，二极管三视图效果图如图 1-56 所示。

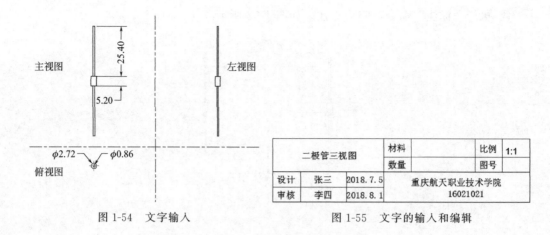

二极管三视图		材料		比例	1:1
		数量		图号	
设计	张三 2018.7.5		重庆航天职业技术学院 16021021		
审核	李四 2018.8.1				

图 1-54　文字输入　　　　　　　　　　　　图 1-55　文字的输入和编辑

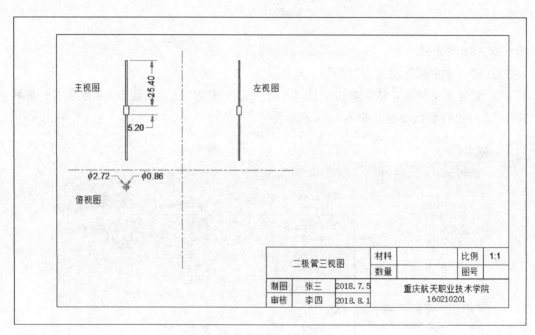

二极管三视图		材料		比例	1:1
		数量		图号	
制图	张三 2018.7.5		重庆航天职业技术学院 160210201		
审核	李四 2018.8.1				

图 1-56 二极管三视图效果图

任务 2　继电器三维图形绘制

【任务概述】

继电器是一种电控制器件，是当输入量（激励量）的变化达到规定要求时，在电气输出电路中使被控量发生预定的阶跃变化的一种电气器件。它具有控制系统（又称输入回路）和被控制系统（又称输出回路）之间的互动关系，通常应用于自动化的控制电路中。它实际上是用小电流去控制大电流运作的一种"自动开关"，因此，在电路中起着自动调节、安全保护、转换电路等作用。

本任务主要利用软件 AutoCAD 完成继电器立体图的绘制。三维立体图与二维平面图的绘制方式不同,运用的 AutoCAD 的界面也不尽相同。在科技发展日新月异的今天,仅仅使用二维平面软件进行结构设计,已经不能满足设计人员的基本需求了,三维设计软件除了本课程学习的 AutoCAD 之外,还包含 Creo、SolidWork、ProE 等。用三维软件进行设计,不仅简化了二维平面设计所需三维立体转化,更方便了设计者进行设计的更新、更改和完善,也使得结构设计到二维图纸的转化变得更加简便。本任务的完成为后续进行电子元器件的外形制作和设计等打下基础,更为将来的工作做准备。本次绘制为 1∶1 三维模型绘制。要求能根据图 1-57 所示的 OMIH-SS-112LM 型继电器实物及其图 1-58 所示的三视图,绘制出如图 1-59 所示的继电器三维立体图。

图 1-57　OMIH-SS-112LM 型继电器实物图

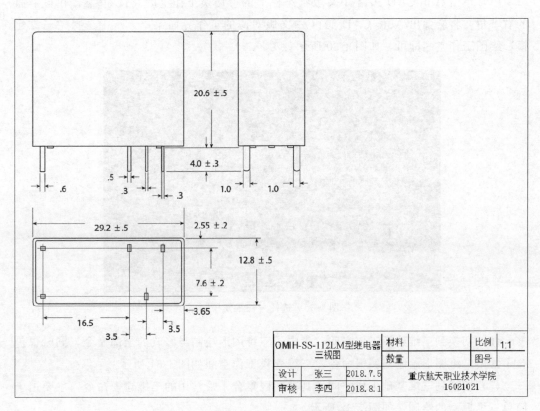

OMIH-SS-112LM型继电器 三视图		材料		比例	1:1
		数量		图号	
设计	张三	2018.7.5	重庆航天职业技术学院 16021021		
审核	李四	2018.8.1			

图 1-58　OMIH-SS-112LM 型继电器三视图

图 1-59   OMIH-SS-112LM 型继电器三维立体图

【任务实施】

1.2.1   三维界面简介

1. 三维工作界面切换

（1）单击 AutoCAD 2014 中文版状态栏上的"切换工作空间"按钮 ⚙，在最下面的右下角，将会弹出 Auto CAD 2014 中文版对应的工作界面菜单，从中选择"三维建模"绘图工作空间即可，如图 1-60 所示。

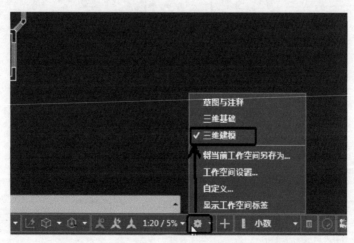

图 1-60   选择"三维建模"

（2）切换到三维建模工作空间，集中了三维图形绘制与修改的全部命令，同时也包含了常用二维图形绘制与编辑命令，三维建模工作空间如图 1-61 所示。

（3）切换到三维基础工作空间，其功能区集合了最常用的三维建模命令，主要用于简单三维模型的绘制，如图 1-62 所示。

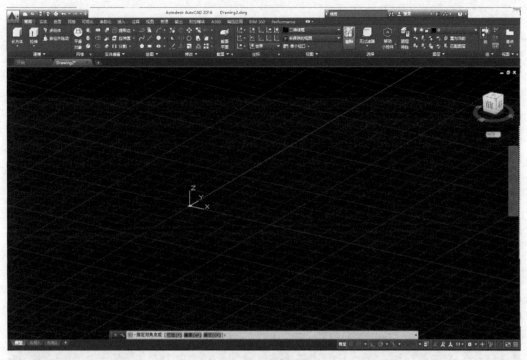

图 1-61　三维建模工作空间

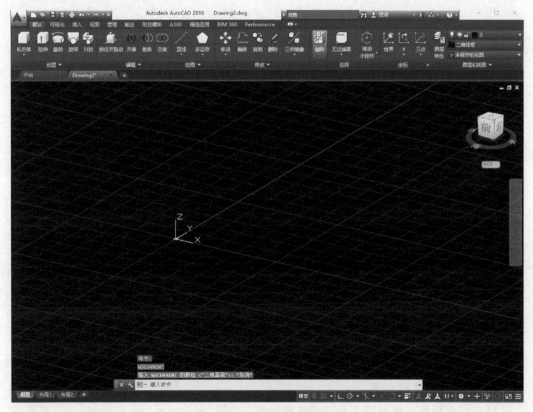

图 1-62　三维基础工作空间

2．三维建模工作空间的特点

（1）三维建模光标：光标显示为三维图标，而且默认显示在当前坐标系的坐标原点位置，如图 1-63 所示。

（2）三维建模坐标系图标：坐标系图标显示出了 Z 轴，如图 1-64 所示。

图 1-63　三维建模光标　　　　　图 1-64　三维建模坐标系图标

（3）"功能区"选项板：功能区选项板有"常用""实体""曲面""网格""可视化""参数化""插入""注释""视图""管理""输出"等选项卡，每个选项卡对应一个面板，面板中对应了一些命令按钮，单击选项卡，即可显示对应的面板，如图 1-65 所示。

图 1-65　三维建模"功能区"选项卡对应的面板

（4）视图方位显示（ViewCube）：视图方位显示是一个三维导航工具，利用它可以方便地将视图按不同的方位显示，如图 1-66 所示。

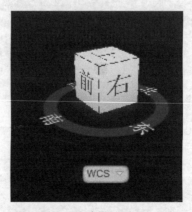

图 1-66　三维建模视图方位显示

1.2.2　三维模型分类与三维坐标系

1．三维几何模型分类

（1）线框模型。线框模型是一种轮廓模型，如图 1-67 所示，它是用线（3D 空间的直线及曲线）表达三维立体，不包含面及体的信息，不能使该模型消隐或着色。又由于其不含有体的数据，用户也不能得到对象的质量、重心、体积、惯矩等物理特性，不能进行布尔运算。图中显示了立体的线框模型，在消隐模式下也能看到后面的线。

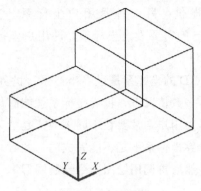

图 1-67　线框模型

（2）曲面模型。曲面模型是用物体的表平面表示物体。曲面模型具有面及三维立体边界信息。表面不透明，能遮挡光线，因而曲面模型可以被渲染及消隐。对于计算机辅助加工，用户还可以根据零件的曲面模型形成完整的加工信息，但是不能进行布尔运算。图 1-68 所示是两个曲面模型的消隐效果，前面的薄片圆筒遮住了后面长方体的一部分。

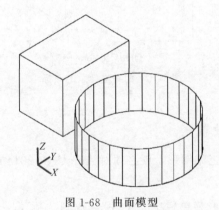

图 1-68　曲面模型

（3）实体模型。实体模型具有线、表面、体的全部信息。对于此类模型，可以区分对象的内部及外部，可以对它进行打孔、切槽和添加材料等布尔运算，对实体装配进行干涉检查，分析模型的质量特性，如质心、体积和惯矩。图 1-69 所示是实体模型。

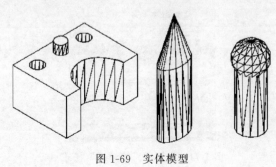

图 1-69　实体模型

2. 三维坐标系

AutoCAD 提供了两种坐标系，一种是绘制二维图形时常用的坐标系，即世界坐标系（WCS），由系统默认提供；另一种是用户坐标系，为了方便创建三维模型，AutoCAD 允许用户根据自己的需要设定坐标系，即用户坐标系（UCS）。图 1-70 所示是两种坐标系下的图标。

在默认状态时，AutoCAD 的坐标系是世界坐标系。世界坐标系是唯一的，固定不变的，对于二维绘图，在大多数情况下，世界坐标系就能满足作图需要，但若是创建三维模型，就不太方便了，因为用户常常要在不同平面或是沿某个方向绘制结构。如果绘制某些复杂的图形，则在世界坐标系下是不能完成的。此时，需要以绘图的平面为 *XY* 坐标平面创建新的坐标系，然后再调用绘图命令绘制图形。

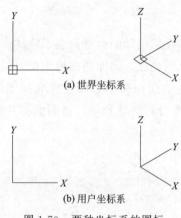

(a) 世界坐标系

(b) 用户坐标系

图 1-70　两种坐标系的图标

1.2.3　绘图环境的设置

想要正确绘制继电器三维图形，就必须对 AutoCAD 2014 绘图环境进行设置，具体如下。

（1）创建新文件。单击菜单栏中"文件"，找到"新建"命令，创建一个新文件，并命名为"OMIH-SH-112D 型继电器三维图 .dwg"。

（2）设置工作空间。单击右下角 ⚙ AutoCAD 经典▾ 按钮，将工作空间设置为"三维建模"模式，如图 1-71 所示。

图 1-71　设置"三维建模"模式

（3）调出常用三维绘图工具。

① 执行工具→工具栏→AutoCAD，将"UCS""动态观察""建模""视图""视觉样式""修改"工具放在绘图区域上方，方便使用，如图 1-72 所示。

图 1-72　常用的三维绘图工具

② 单击 按钮，选择"西南等轴测"视图，此时 UCS 坐标和鼠标光标由二维变成三维，如图 1-73、图 1-74 所示。

图 1-73　选择"西南等轴测"视图

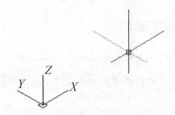

图 1-74　UCS 坐标和鼠标光标由二维变成三维

（4）设置图层。执行"格式"→"图层"→"图层特性管理器"命令，新建标注层、辅助线层、文字层、三维图层，0 层是系统默认层，不能删除和重命名，如图 1-75 所示。

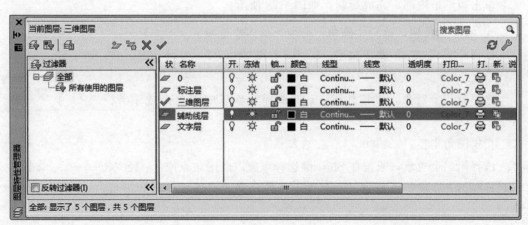

图 1-75　设置图层

1.2.4 绘制继电器三维图

（1）选择"三维图层"为当前图层，如图 1-76 所示。

（2）单击  按钮，绘制 OMIH-SH-112D 型继电器俯视图，具体如下。

① 单击 按钮，执行矩形命令，绘制一个长 29.2、宽 12.8 的矩形，具体步骤如下。

指定第一个角点或 ［倒角（C）/标高（E）/圆角（F）/厚度（T）/宽度（W）］：//单击绘图区域任意一点。

指定另一个角点或 ［面积（A）/尺寸（D）/旋转（R）］：//输入 d。

指定矩形的长度<0.5000>：//输入 29.2。

指定矩形的宽度<1.0000>：//输入 12.8，按 Enter 键，完成绘图如图 1-77 所示。

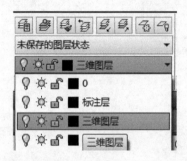

图 1-76 选择"三维图层"为当前图层 　　　图 1-77 29.2×12.8 矩形

② 单击 按钮，执行"偏移"命令，具体步骤如下。

指定偏移距离或 ［通过（T）/删除（E）/图层（L）］<0.5000>：//输入 0.5。

选择要偏移的对象，或 ［退出（E）/放弃（U）］<退出>：//单击矩形框。

指定要偏移的那一侧上的点，或 ［退出（E）/多个（M）/放弃（U）］<退出>：//单击矩形框内部，完成绘制，如图 1-78 所示。

③ 单击 按钮，执行"圆角"命令，具体步骤如下。

选择第一个对象或 ［放弃（U）/多段线（P）/半径（R）/修剪（T）/多个（M）］：//单击矩形框一边。

选择第二个对象，或按住 Shift 键选择对象以应用角点或 ［半径（R）］：//输入 R。

指定圆角半径<0.5000>：//输入 0.5。

选择第二个对象，或按住 Shift 键选择对象以应用角点或 ［半径（R）］：//单击矩形另外一边，完成一个角点，重复以上操作，完成另外几个角的圆角，效果如图 1-79 所示。

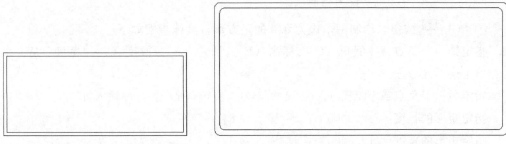

图 1-78　执行"偏移"命令后的图形　　　　　图 1-79　完成"圆角"后的图形

④ 选择"辅助线层"为当前层，并设置该层线型、线宽、颜色等参数，如图 1-80 所示。

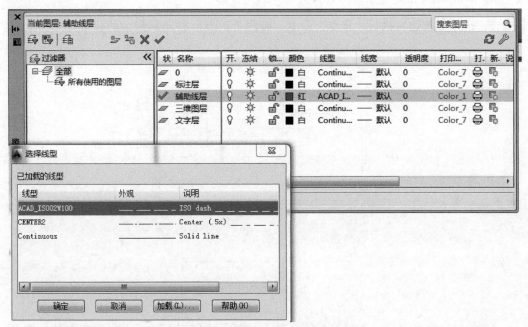

图 1-80　设置"辅助线层"参数

⑤ 单击 ✏ 按钮，执行"直线"命令，绘制辅助线，如图 1-81 所示。

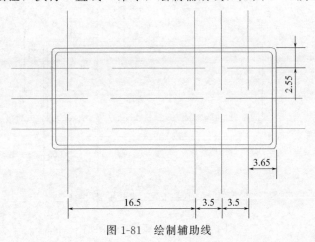

图 1-81　绘制辅助线

⑥ 将"三维图层"设置为当前层。

⑦ 单击 按钮，绘制一个边为 0.6 的正方形，具体步骤如下。

指定第一个角点或［倒角（C）/标高（E）/圆角（F）/厚度（T）/宽度（W）］：//单击绘图区域任意一点。

指定另一个角点或［面积（A）/尺寸（D）/旋转（R）］：//输入 d。

指定矩形的长度 <29.2000>：//输入 0.6。

指定矩形的宽度 <12.8000>：//输入 0.6。

指定另一个角点或［面积（A）/尺寸（D）/旋转（R）］：//单击鼠标，完成绘制。

⑧ 单击 按钮，复制一个边长为 0.6 的正方形。

⑨ 单击 按钮，执行"移动"命令，将两个正方形移动到规定的位置，如图 1-82 所示。

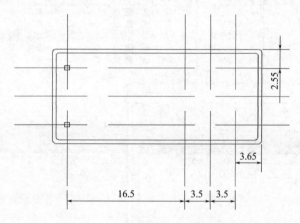

图 1-82　执行步骤⑦⑧⑨后的图形

⑩ 重复步骤⑦⑧⑨，绘制一个长×宽=0.5×1 的矩形，然后在绘制两个长×宽=0.3×1 的矩形，具体效果如图 1-83 所示。

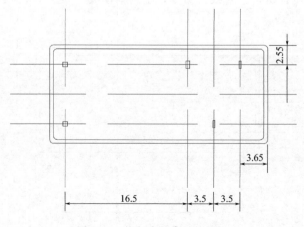

图 1-83　执行步骤⑩后的图形

⑪ 单击 按钮，执行"圆"命令，绘制如图 1-84 所示的三个圆。

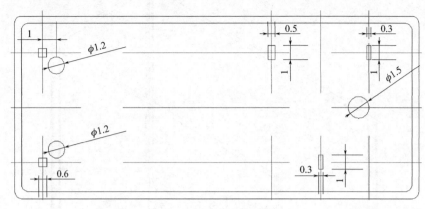

图 1-84　绘制三个圆

（3）删除在俯视图中的尺寸标注，单击 按钮，将视图切换到"西南等轴测"界面。

（4）单击 按钮，对底部正方形执行"拉伸"命令，具体步骤如下。

选择要拉伸的对象或［模式（MO）］：　//单击正方形，按 Enter 键。

指定拉伸的高度或［方向（D）/路径（P）/倾斜角（T）/表达式（E）］：　//鼠标垂直向下移动，输入 4.0，按 Enter 键，完成绘制，如图 1-85 所示。

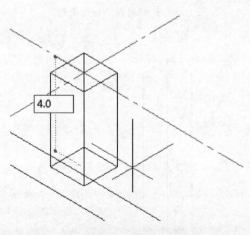

图 1-85　拉伸正方形

（5）重复步骤（4）的操作，按照图 1-85 的主视图高度拉伸其他图形，绘制后的效果如图 1-86 所示。

（6）单击 按钮，对长方体执行"圆角"命令，具体步骤如下。

选择第一个对象或［放弃（U）/多段线（P）/半径（R）/修剪（T）/多个（M）］：　//单击长方体一边，如图 1-87 所示（选上以后为虚线）。

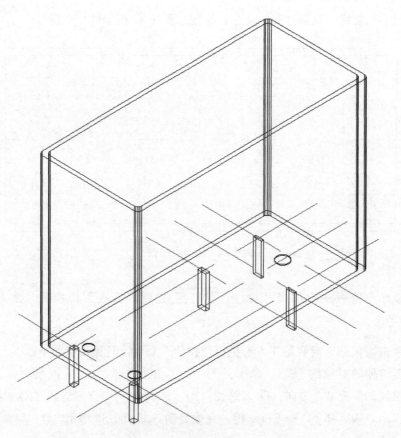

图 1-86　拉伸俯视图后的图形

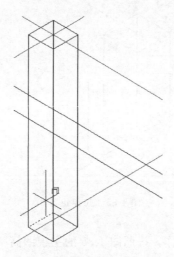

图 1-87　选择"圆角"一边

输入圆角半径或［表达式（E）］＜0.3000＞：　//输入 0.3000。

选择边或［链（C）/环（L）/半径（R）］：　//单击长方体另一边，如图 1-88 所示（选上以后为虚线），按 Enter 键，完成绘制，效果如图 1-89 所示。

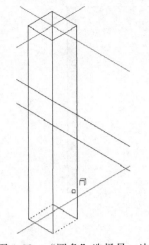
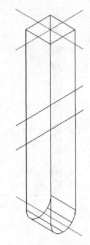

图 1-88   "圆角"选择另一边   图 1-89   "圆角"完成后图形

（7）重复步骤（6）的操作（注：圆角半径为宽度的一半，半径为 0.3 或 0.5），效果如图 1-90 所示。

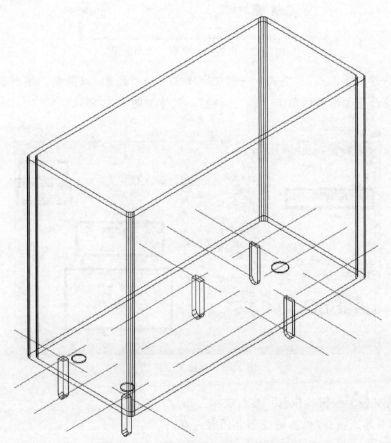

图 1-90   管脚执行"圆角"后的图形

（8）单击 █ 按钮，将视图切换到"前视图"，将"文字层"设置为当前层，删除辅助线，如图 1-91、图 1-92 所示。

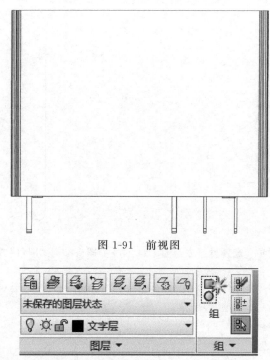

图 1-91　前视图

图 1-92　设置"文字层"为当前层

（9）新建文字样式："格式"→"文字样式"→"新建"（命名：继电器三维图文字标注），修改相关参数后单击"置为当前"，具体如图 1-93 所示。

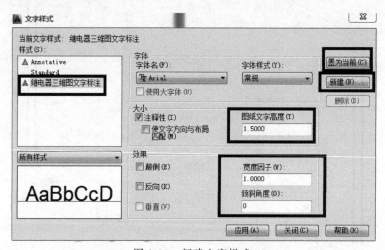

图 1-93　新建文字样式

（10）单击 $\boxed{A}$ 按钮，执行"多行文字"命令，具体如下。

指定第一角点：//单击前视图上任意一点。

指定对角点或［高度（H）/对正（J）/行距（L）/旋转（R）/样式（S）/宽度（W）/栏（C）］：//拉开一定距离，单击鼠标，输入英文：Tyco Electronics，完成绘制。

（11）重复步骤（10）操作，输入：OMIH-SS-112LM，单击 按钮，对文字进行移动、调整，如图 1-94 所示。

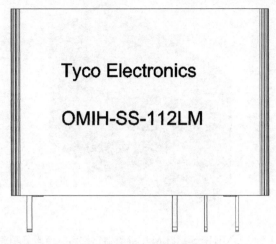

图 1-94　输入文字后效果图

（12）分别单击▤、▤、▤三个按钮，得到 OMIH-SS-112LM 型继电器主视图、左视图、俯视图，如图 1-95～图 1-97 所示。

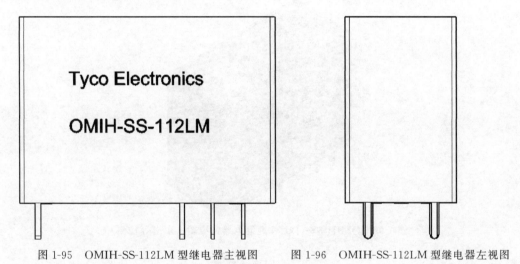

图 1-95　OMIH-SS-112LM 型继电器主视图　　　图 1-96　OMIH-SS-112LM 型继电器左视图

图 1-97　OMIH-SS-112LM 型继电器俯视图

（13）分别单击◈、●按钮，切换到"西南等轴测"视图、概念视觉样式，完成 OMIH-SS-112LM 型继电器三视图到三维图的绘制，效果如图 1-98 所示。

图 1-98　OMIH-SS-112LM 型继电器三维图（西南等轴测）

（14）分别单击、、这三个按钮，得到另外三个图，如图 1-99～图 1-101 所示。

图 1-99　OMIH-SS-112LM 型继电器三维图（东南等轴测）

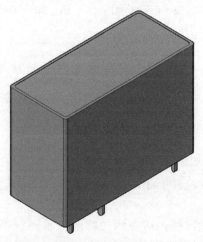

图 1-100　OMIH-SS-112LM 型继电器三维图（东北等轴测）

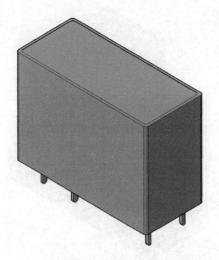

图 1-101　OMIH-SS-112LM 型继电器三维图（西北等轴测）

【拓展训练】

（1）根据图 1-102 工件三维图（西南等轴测）绘制三视图。

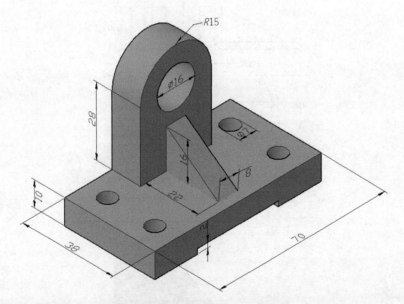

图 1-102　工件三维图（西南等轴测）

（2）根据图 1-103 欧姆龙继电器 MY2N-GS 三维图绘制三视图。

（3）根据图 1-104 所示的工件三视图，绘制如图 1-105 所示的工件三维图。

（4）根据图 1-106 工件三视图绘制如图 1-106 所示右下角的三维图。

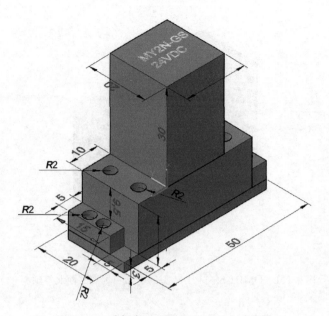

图 1-103   欧姆龙继电器 MY2N-GS 三维图

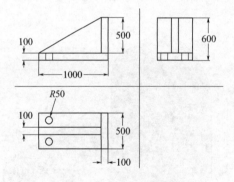

图 1-104   工件三视图

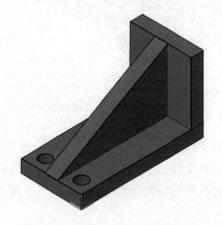

图 1-105   工件三维图（西南等轴测）

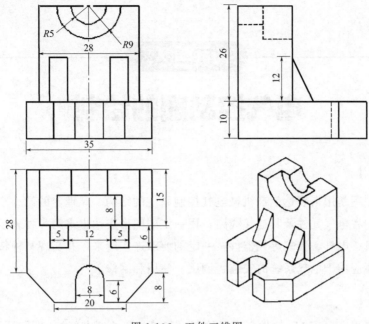

图 1-106 工件三维图

【学习总结】

学习收获	任务1：
	任务2：
学习反思	能力提升：
	存在问题：

电气控制图的绘制

【项目导读】

电气控制图是用来表达生产机械电气控制系统的结构、原理等的设计意图，是将电气控制系统中各电气元件及其连接线路，用一定的图形表达出来的一种表示方式。它是用导线将电机、电气、仪表等元器件按一定的要求连接起来，并实现某种特定控制要求的电路，主要应用于电气系统的安装、调试、使用和维修。

【项目要求】

本项目利用 AutoCAD 软件，通过绘制电气符号等绘制电气控制原理图，完成接触器联锁电动机正、反转控制电路原理图、机床工作台自动往返循环控制电路原理图的绘制。本项目要求掌握以下技能和知识：

① 知道电气控制电路原理；

② 熟悉电路中的低压电气符号名称；

③ 能正确设置电气原理图和电气控制图绘图环境；

④ 能够绘制电气符号；

⑤ 能正确运用电气控制电路原理图绘制技巧；

⑥ 会独立绘制电气控制电路原理图。

【项目实施】

任务1 电动机正反转电气控制原理图的绘制

【任务概述】

电动机正、反转电气控制也称可逆控制，它在生产中可实现工作部件向正、反两个方向运动。对于三相笼型异步电动机来说，想要实现电动机正、反转控制，只要改变电动机定子三相电源相序，即将主回路中的三相电源任意两相对调即可。通常有两种控制方式：一种是利用倒顺开关（或组合开关）改变相序；另一种是利用接触器的主触点改变相序。前者主要适用于不需要频繁正、反转的电动机，而后者主要适用于需要频繁正、反转的电动机。本任务要求完成接触器联锁电动机正、反转控制电路原理图的绘制，如图 2-1 所示。

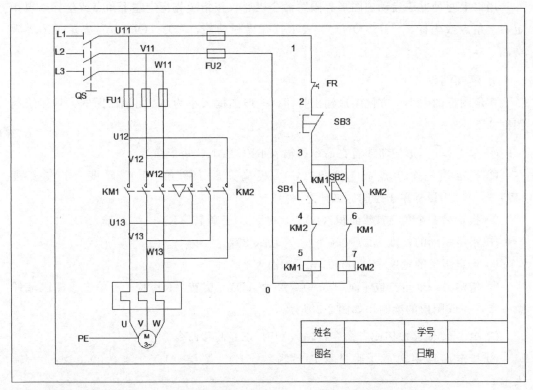

图 2-1　接触器联锁电动机正、反转控制电路原理图

【任务实施】

2.1.1　设置绘图环境

想要正确绘制接触器联锁电动机正、反转控制电路原理图，就必须对 AutoCAD 2014 绘图环境进行设置，具体如下。

1. 创建新文件

单击菜单栏中"文件"，找到"新建"命令，创建一下新文件，并命名为"接触器联锁电动机正、反转控制电路原理图.dwg"。

2. 设置工作空间

AutoCAD 2014 打开的默认空间是"草图与注释"空间，单击右下角 ⚙ 切换工作空间按钮，将工作模式切换到常用的"AutoCAD 经典"模式。

3. 设置图形界限

设置图形界限就是设置绘图区域的大小，相当于选择了图纸的大小，当"图形界限"命令打开以后，只能在设置的绘图区域绘图，其他的区域将无法绘制，具体方法如下。

① 下拉菜单：执行"格式"→"图形界限"命令。

② 命令行：输入 LIMITS，按 Enter 键。

用以上两种方法启动"图形界限"命令以后，按指示先指定左下角点或坐标，再指定右上角点或坐标，"开（ON）"表示打开界限功能，"关（OFF）"表示关闭界限功能。

4. 绘制图框

指定图框的大小，方便图形输出打印，一般图框大小为 A4 图幅的图框，具体绘制图框如下。

① 单击 ▭ 矩形按钮或者在命令行输入 RECTANG 矩形命令。

② 指定第一个角点或 ［倒角（C）/标高（E）/圆角（F）/厚度（T）/宽度（W）］：　//用鼠标单击绘图区域任意一点。

③ 指定另一个角点或 ［面积（A）/尺寸（D）/旋转（R）］：　//输入 D。

④ 指定矩形的长度 <0.0000>：　//输入 297。

⑤ 指定矩形的宽度 <0.0000>：　//输入 210。

⑥ 指定另一个角点或 ［面积（A）/尺寸（D）/旋转（R）］：　//单击绘图区域任意一点，完成图形的绘制，如图 2-2 所示。

⑦ 单击 ▥ 偏移按钮或者命令行输入 OFFSET 偏移命令。

⑧ 指定偏移距离或 ［通过（T）/删除（E）/图层（L）］<0.0000>：　//输入 10。

⑨ 选择要偏移的对象，或 ［退出（E）/放弃（U）］<退出>：　//单击矩形图形。

⑩ 指定要偏移的那一侧上的点，或 ［退出（E）/多个（M）/放弃（U）］<退出>：　//在矩形图形里单击，完成图形的绘制，如图 2-3 所示。

图 2-2　长方形（297×210）图形

图 2-3　长方形偏移后的图形

⑪ 单击矩形图形，选择拉伸命令，如图 2-4 所示。

⑫ 指定拉伸点：　//输入 15，完成绘制，如图 2-5 所示。

5. 绘制标题信息

（1）调用表格命令。绘制标题栏信息一般采用绘制表格的方式，可以通过以下方式调用表格命令，具体如下。

① 下拉菜单：执行"绘图" → "表格"命令。

② "绘图"工具栏：单击 ▦ 表格按钮。

③ 命令行：输入 TABLE，按 Enter 键。

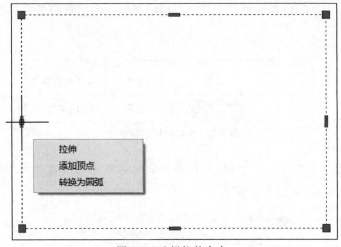

图 2-4　选择拉伸命令

图 2-5　A4（297×210）图幅图框

执行"表格命令"以后，弹出"插入表格"对话框，如图 2-6 所示。

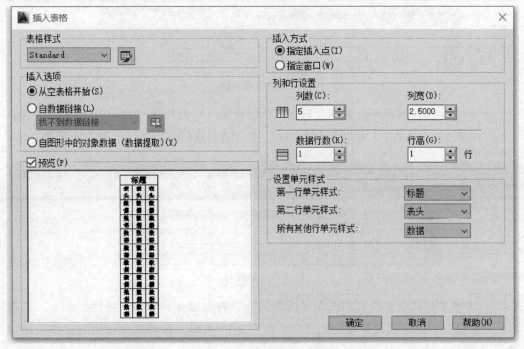

图 2-6　"插入表格"对话框

（2）绘制一个标题信息栏到新文件中。将绘制的一个标题信息栏如图 2-7 所示，具体步骤如下。

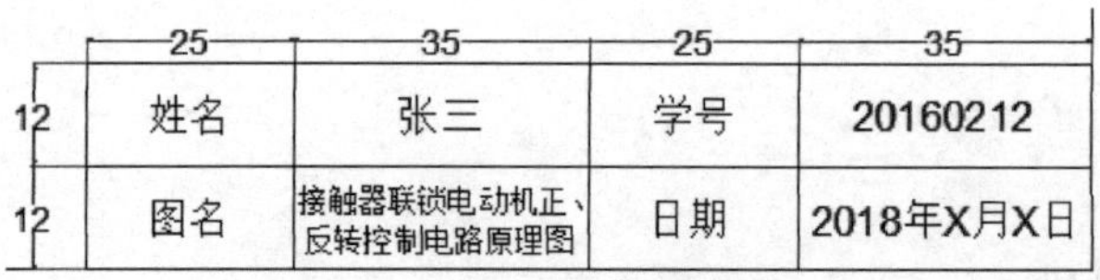

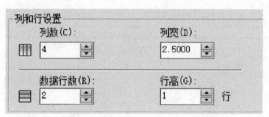

图 2-7　绘制的标题信息栏

① 单击绘图工具栏中的 ▦ 按钮，在弹出的对话框中，设置"列和行设置"选项，设置列为 4，行为 2，如图 2-8 所示。

图 2-8　设置"列和行设置"选项

② 单击"确定"按钮，在绘图区域指定一点，就可创建一个 2 行 4 列的表格，如图 2-9 所示。

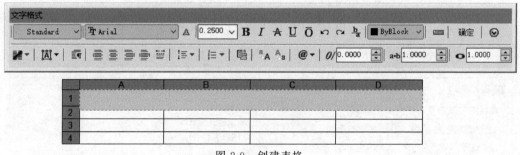

图 2-9　创建表格

③ 新建表格中的第一行和第二行是默认出现的"标题"和"表头"，单击第一和第二行，在弹出的"表格"工具栏中选择"删除行"按钮，删除前两行，如图 2-10 所示。

图 2-10　删除行

④ 调整表格尺寸，选择需要调整的单元格，右击鼠标，单击"特性"命令，在弹出的"特性"对话框里设置单元格尺寸，如图 2-11 所示。调整尺寸以后的表格效果如图 2-12 所示。

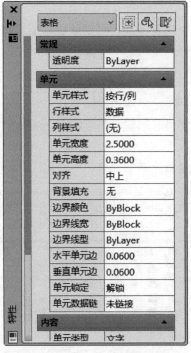

图 2-11 "特性"对话框

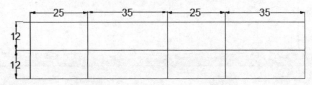

图 2-12 调整尺寸后的表格

⑤ 输入文字，双击单元格，输入对应的文字，选择"文字格式"工具栏中的 按钮，选择"正中"，选择 选项，将文字高度调整为 3.5，如图 2-13 所示，完成表格绘制，具体效果如图 2-13 所示。

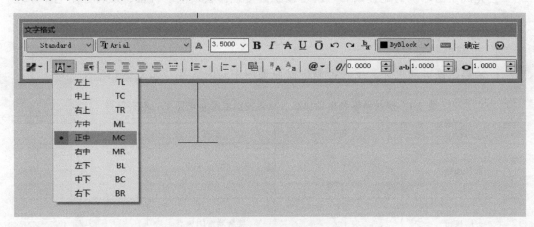

图 2-13 调整文字格式

6. 创建图层

创建图层需要用到图层特性管理器，可以通过以下方式调用图层特性管理器命令。

① 执行"格式"→"图层"命令。

② 单击 按钮。

③ 命令行输入 LAYER 或 LA，按 Enter 键。

执行"图层"命令后，弹出"图层特性管理器"对话框，建立线路层、标注层和电气符号层，如图 2-14 所示。

温馨提示：默认 0 层不能删除和重命名。

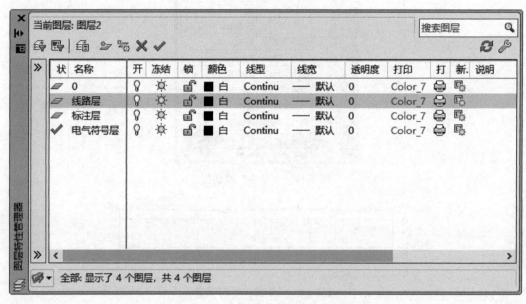

图 2-14 "图层特性管理器"对话框

2.1.2 接触器联锁电动机正、反转控制电路原理图的绘制

在完成绘图环境的配置以后，就可以绘制接触器联锁电动机正、反转控制电路原理图了，具体步骤如下。

1. 绘制电气符号

接触器联锁电动机正、反转控制电路原理图中的电气符号如表 2-1 所示。

表 2-1 接触器联锁电动机正、反转控制电路原理图中的电气符号

名称	符号	名称	符号
常开按钮		刀开关	
常闭按钮		接触器常闭触点	

续表

名称	符号	名称	符号
接触器主触点		热继电器线圈	
熔断器		三相异步电动机	M 3~
接触器线圈		热继电器动断触点	
接触器常开触点			

（1）绘制常开按钮。绘制常开按钮步骤如下。

① 单击功能条的 ⌐ 按钮，开启正交模式。

② 单击功能条的 ╋ 按钮，开启动态输入模式。

③ 单击功能条中的 ▢ 按钮，开启对象捕捉模式。

④ 执行"矩形"命令，在绘图区域绘制一个长 10mm、高 10mm 的矩形。

⑤ 执行"分解"命令，将矩形分解成 4 段直线。

⑥ 选择如图 2-15 所示的矩形一条边，选择拉伸命令，并向左右分别拉伸 10mm。

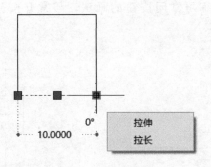

图 2-15　拉伸边线

⑦ 关闭正交模式，单击 ⌐ 按钮，捕捉矩形左下角点，以其为起点，绘制一条与水平直线成 30°的倾斜直线，如图 2-16 所示。

⑧ 执行"定数等分"命令，将矩形左右侧边线进行三等分，连接三等分点，并绘制矩形上下线的垂直平分线，如图 2-17 所示。

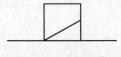

图 2-16　绘制斜线

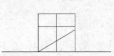

图 2-17　绘制垂直平分线

⑨ 选择纵向直线，选择"特性"工具栏中的"线型管理器"，选择 ACAD _ ISO02W100 线型，将纵向直线线型更改为"虚线"，并将全局比例因子调整为 0.2，如图 2-18 所示。

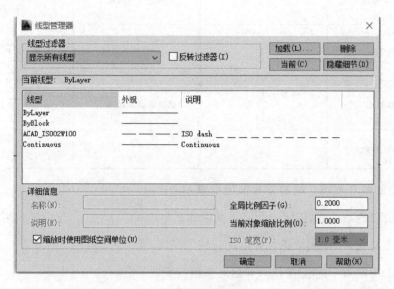

图 2-18 线型管理器

⑩ 执行"修剪"和"删除"命令，完成常开按钮的绘制，如图 2-19 所示。

（2）绘制常闭按钮。练习常闭按钮的画法，与常开按钮的画法类似，如图 2-20 所示。

图 2-19 常开按钮 　　　　图 2-20 常闭按钮

（3）绘制刀开关。绘制刀开关的具体步骤如下。

① 单击 [G] 按钮，开启极轴追踪，并将极轴角设置为 30°。

② 单击功能条中的 [口] 按钮，开启对象捕捉模式。

③ 单击功能条的 [十] 按钮，开启动态输入模式。

④ 执行"直线"命令，具体如下。

指定第一点：//单击绘图区域任意一点。

指定下一点或［放弃（U）］：// 输入 10。

⑤ 执行"直线"命令，捕捉直线左侧端点，顺时针偏转 150°，输入 10。

⑥ 执行"直线"命令，捕捉直线和斜线的交点，如图 2-21 所示。以该点作为起点向左画直线，输入直线长度 10。

⑦ 执行"直线"命令，捕捉直线端点，画出一个 4mm 的垂直线，如图 2-22 所示。

⑧ 执行"复制"命令，向下垂直移动 9mm，完成刀开关（三相）的绘制，如图 2-23 所示。

图 2-21 捕捉直线和斜线的交点   图 2-22 画垂直线

（4）接触器线圈的绘制。绘制接触器线圈的具体步骤如下。

① 单击功能条的 按钮，开启正交模式。

② 单击功能条的 按钮，开启动态输入模式。

③ 单击功能条中的 按钮，开启对象捕捉模式。

④ 执行"矩形"命令，具体如下。

指定第一个角点： //单击绘图区域任意一点。

指定第二个角点： //D。

指定矩形的长度： //10。

指定矩形的宽度： //5。

指定另一个角点： //单击绘图区域任意一点，完成绘制，如图 2-24 所示。

图 2-23 刀开关   图 2-24 接触器线圈

（5）接触器主触点的绘制。绘制接触器主触点的步骤如下。

① 单击功能条的 按钮，开启正交模式。

② 单击功能条的 按钮，开启动态输入模式。

③ 单击功能条中的 按钮，开启对象捕捉模式。

④ 执行"直线"命令，画一个 5mm 垂直线段。

⑤ 单击 按钮，开启极轴追踪，并将极轴角设置为 30°。

⑥ 执行"直线"命令，捕捉直线端点，逆时针偏转 120°，画一个长度为 5mm 的斜线。

⑦ 执行"直线"命令，捕捉垂直线和斜线的交点，如图 2-25 所示，向上画一个长为 5mm 的垂直线。

⑧ 执行"圆"命令，如下。

指定圆的圆心： //捕捉直线端点，向上移动并输入 1，找到圆心。

指定圆的半径： //输入 1，完成绘制。

⑨ 执行"修剪"命令，剪去多余的部分，完成绘制，如图 2-26 所示。

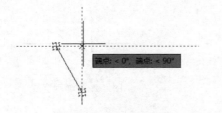 

图 2-25　捕捉垂直线和斜线的交点　　　　图 2-26　接触器主触点

（6）接触器常开触点的绘制。绘制接触器常开触点的步骤如下。

① 单击功能条的 按钮，开启正交模式。

② 单击功能条的 按钮，开启动态输入模式。

③ 单击功能条中的 按钮，开启对象捕捉模式。

④ 执行"直线"命令，画一个 5mm 的垂直线段。

⑤ 单击 按钮，开启极轴追踪，并将极轴角设置为 30°。

⑥ 执行"直线"命令，捕捉直线端点，逆时针偏转 120°，画一个长度为 5mm 的斜线。

⑦ 执行"直线"命令，捕捉垂直线和斜线的交点，向上画一个长为 5mm 的垂直线，完成接触器常开触点的绘制，如图 2-27 所示。

（7）接触器常闭触点的绘制。与接触器常开触点画法类似，如图 2-28 所示。

图 2-27　接触器常开触点　　　　　　图 2-28　接触器常闭触点

（8）熔断器的绘制。绘制熔断器的步骤如下。

① 单击功能条的 按钮，开启正交模式。

② 单击功能条的 按钮，开启动态输入模式。

③ 单击功能条中的 按钮，开启对象捕捉模式。

④ 执行"矩形"命令，步骤如下。

指定第一个角点：　//单击绘图区域任意一点。

指定第二个角点：　//D。

指定矩形的长度：　//5。

指定矩形的宽度：　//10。

指定另一个角点：　//单击绘图区域任意一点，完成矩形的绘制。

⑤ 执行"直线"命令，步骤如下。

指定第一个点：　//捕捉矩形顶部横线中点，鼠标垂直向上移动，输入 5。

指定下一个点或［放弃（U）］：　//鼠标向下移动，输入 20，完成熔断器的绘制，如图 2-29 所示。

（9）三相异步电动机的绘制。绘制三相异步电动机的步骤如下。

① 单击功能条的 按钮，开启正交模式。

② 单击功能条的 按钮，开启动态输入模式。

③ 单击功能条中的 按钮，开启对象捕捉模式。

④ 执行"圆"命令，画一个直径为 10mm 的圆。

⑤ 将对象捕捉的交点、中点、端点、圆点、切点选上，换三条竖直线，左右两条为 10mm，中间为 5mm，如图 2-30 所示。

⑥ 执行"绘图"命令→"文字"命令→"多行文字"命令，输入文字，如图 2-31 所示，完成三相异步电动机的绘制。

图 2-29　熔断器　　　图 2-30　绘制竖直线　　　图 2-31　三相异步电动机

（10）热继电器线圈的绘制。绘制热继电器线圈的步骤如下。

① 单击功能条的 按钮，开启正交模式。

② 单击功能条的 按钮，开启动态输入模式。

③ 单击功能条中的 按钮，开启对象捕捉模式。

④ 执行"矩形"命令，画一个长为 40mm、宽为 15mm 的矩形，并在矩形中绘制多条直线段，具体如图 2-32 所示。

⑤ 单击 按钮，执行复制命令，具体如下。

选择对象：　//鼠标选择需要复制的对象，按 Enter 键。

指定基点：　//鼠标选择端点。

指定第二个点：　//鼠标向左水平移动，输入 10。

指定第二个点：　//鼠标向左水平移动，输入 20，按 Enter 键，完成热继电器线圈的绘制，如图 2-33 所示。

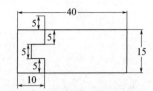

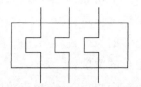

图 2-32　矩形中绘制多条直线段　　　　图 2-33　热继电器线圈

（11）热继电器动断触点的绘制。绘制热继电器动断触点的步骤如下。

① 单击功能条的 █ 按钮，开启正交模式。

② 单击功能条的 █ 按钮，开启动态输入模式。

③ 单击功能条中的 █ 按钮，开启对象捕捉模式。

④ 执行"直线"命令，画一个 5mm 的竖直线段。

⑤ 单击 █ 按钮，开启极轴追踪，并将极轴角设置为 30°。

⑥ 执行"直线"命令，单击捕捉到的直线顶部端点，逆时针偏转 60°，输入 5。

⑦ 执行"直线"命令，按如图 2-34 所示的尺寸画出图形，完成热继电器动断触点的绘制，如图 2-35 所示。

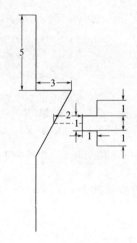

图 2-34　执行"直线"命令的尺寸　　　图 2-35　热继电器动断触点

2. 创建图块

图块是 AutoCAD 绘图中非常重要的一项功能，图块是将图形中的一个或几个实体组合成一个整体，在该图形单元中，各实体可以具有各自的图层、线型、颜色等特征，并将其视为一个整体，以便在图形中进行编辑和调用，从而提高绘图效率。

"创建块"命令有以下 3 种方式。

① 单击"绘图"→"块"→"创建"。

② 在命令行输入 B 或 BLOCK，按 Enter 键。

③ 单击工具栏中的 █ 按钮。

执行"创建块"命令后，弹出"块定义"对话框，如图 2-36 所示。

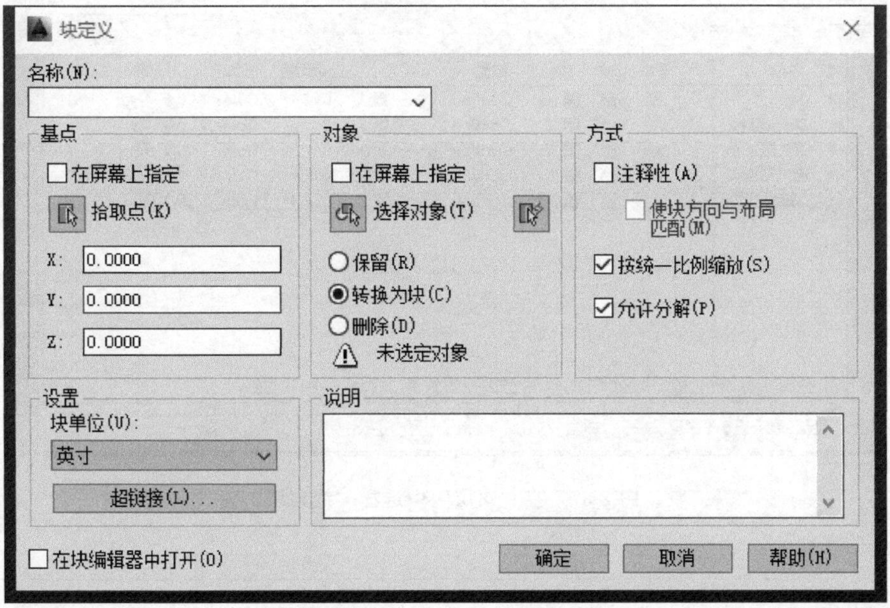

图 2-36　"块定义"对话框

将前面画的电气符号图形全部转化为图块，以热继电器线圈图形为例创建块，具体步骤如下。

① 单击 ![按钮] 按钮，弹出"块定义"对话框，如图 2-36 所示。

② 将名称改为"热继电器线圈"。

③ 单击"选择对象"按钮，选择热继电器线圈。

④ 将基点选择为热继电器线圈上的某一点。

⑤ 在"方式"选项中选择"按统一比例缩放"和"允许分解"，单击"确定"，完成图块的创建。

3. 绘制接触器联锁电动机正、反转控制电路原理图

（1）线路层的绘制

① 单击"格式"→"图层"→"线路层"，如图 2-37 所示。

② 单击功能条的 ![按钮] 按钮，开启正交模式，绘制一条水平直线段。

③ 单击 ![按钮] 按钮，执行复制直线命令，按照系统提示进行操作。

选择对象：　//单击直线，按 Enter 键。

指定基点或 ［位移（D）模式（O）］ ＜位移＞：　//单击直线左侧端点。

指定第二个点或 ［阵列（A）］ ＜使用第一点作为位移＞：　//鼠标向下移动，输入 10，按 Enter 键。

指定第二个点或 ［阵列（A）退出（E）放弃（U）］ ＜退出＞：　//鼠标向下移动，输入 20，按两次 Enter 键，结束绘制，如图 2-38 所示。

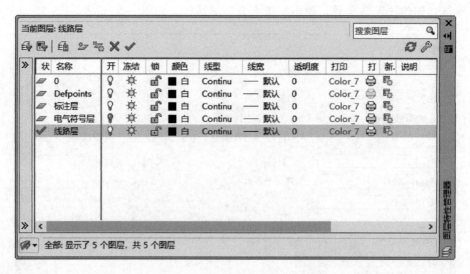

图 2-37 在"图层"中选择"线路层"

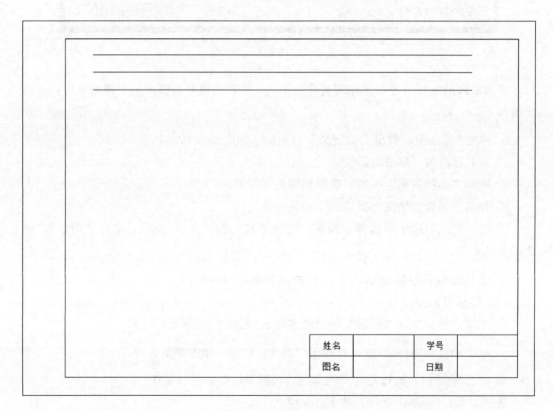

图 2-38 复制水平直线

④ 执行"直线"命令，绘制一条垂直直线，重复步骤③复制垂直直线，如图 2-39 所示。

⑤ 按照图 2-40 所示的尺寸，绘制出线路层图形。

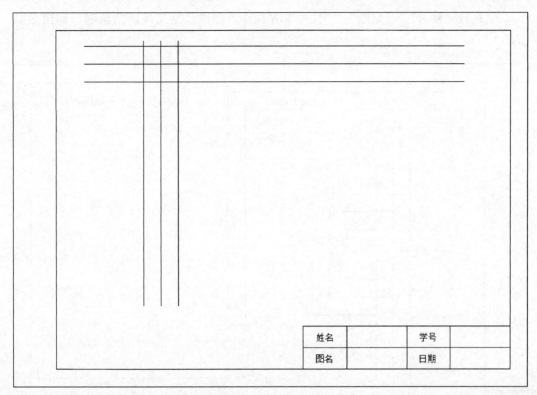

图 2-39　复制垂直直线

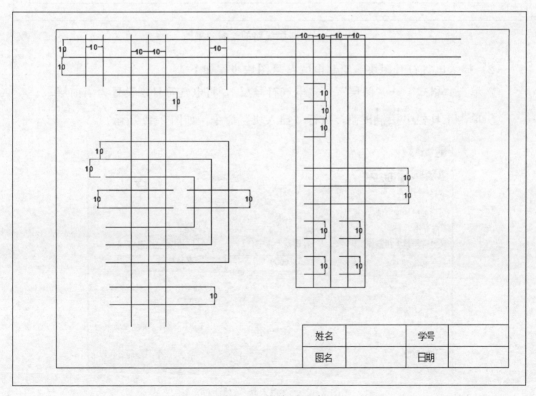

图 2-40　线路层尺寸

⑥ 执行"修剪"、"删除"、"拉伸"等命令，完成线路层线路的绘制，如图 2-41 所示。

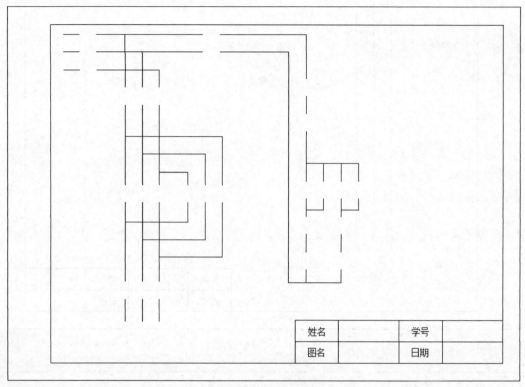

图 2-41　线路层线路的绘制效果图

（2）插入电气符号图块。绘制电气符号图块步骤如下。

① 单击"格式"→"图层"→"电气符号层"，将电气符号层设置为当前层。

② 单击工具栏中 按钮，执行"插入块"命令，如图 2-42 所示。

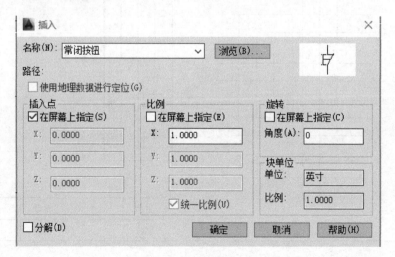

图 2-42　"插入块"对话框

③ 按照步骤②，将全部电气符号插入图中，完成"插入块"命令操作，效果如图2-43 所示。

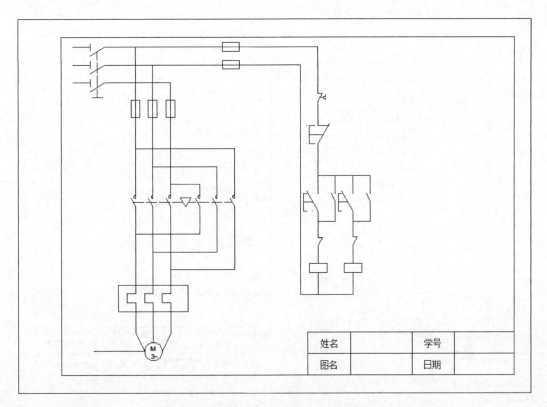

姓名		学号	
图名		日期	

图 2-43　执行"插入块"命令后的效果图

（3）文字标注。根据系统提示进行操作。

① 单击"格式" → "图层" → "标注层"，将标注层设为当前层。

② 单击 **A** 按钮，执行文字标注（以刀开关文字标注为例）。

指定第一个角点：　//单击刀开关顶部的空白处。

指定对角点或［高度（H）对正（J）行距（L）旋转（R）样式（S）宽度（W）栏（C）］：　//鼠标向右下方移动一定距离并单击鼠标，在弹出的对话框里输入"QS"，将字的高度调整为 3.5mm，单击"确定"，完成文字标注，如图 2-44 所示。

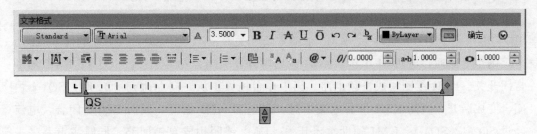

图 2-44　"文字格式"对话框

③ 按照步骤②操作，完成其他电气符号的文字标注，完成接触器联锁电动机正、反转控制电路原理图的绘制，如图 2-45 所示。

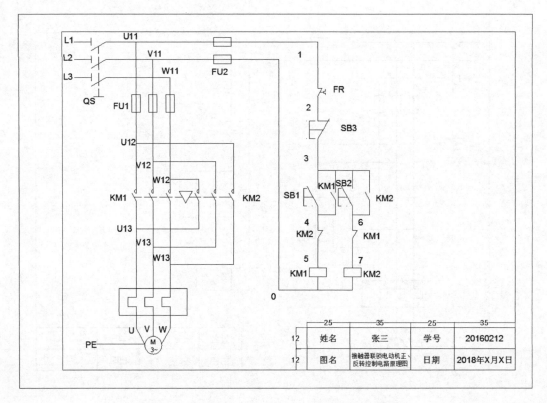

	25	35	25	35
12	姓名	张三	学号	20160212
12	图名	接触器联锁电动机正、反转控制电路原理图	日期	2018年X月X日

图 2-45　接触器联锁电动机正、反转控制电路原理图

任务 2　机床工作台自动往返循环控制电路的绘制

【任务概述】

在实际生产中，有些生产机械的工作台需要自动往返运动，以便工作台实现对工件的连续加工，提高生产效率；有的还要求在两终端有一定时间的停留，以满足生产工艺的要求，这就需要设计一个机床工作台自动往返循环控制电路，如图 2-46 所示。

电路工作过程：接通电源开关 QS，主电路和控制电路得电，此时按下正转开关 SB1，电流经 SQ1-1、SQ3-1、KM2 辅助常闭开关、KM1 电磁线圈，使继电器 KM1 闭合，则主电路通，电机 M 正转，KM1 辅助常开开关闭合和 SQ1-1、SQ3-1、KM2 辅助常闭开关、KM1 线圈构成自锁电路。当工作台挡铁 1 从右向左碰到 SQ1 时，SQ1-1 由闭合变成断开，线圈 KM1 没有电流通过，继电器 KM1 断开，同时 SQ1-2 闭合，电流经过 SQ2-1、SQ4-1、KM1 辅助常闭开关、KM2 线圈构成自锁回路，同时主电路另一条电路导通。由于电源三相 U、V、W 中的 U 相和 W 相位置互换，电动机反转制动，然后反向旋转，带动工作台从左向右运动。当工作台挡铁 2 从左向右碰到 SQ2 时，

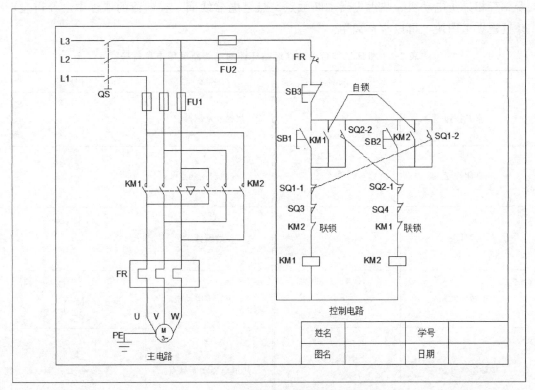

图 2-46　机床工作台自动往返循环控制电路

SQ2-1 断开、继电器 KM2 断开、SQ2 闭合、继电器 KM1 闭合，电动机正转制动，并带动工作台从右向左运动，如此循环往复。若 SQ1 或者 SQ2 失去作用，工作台继续运动，此时 SQ3 或 SQ4 将代替 SQ1、SQ2 的作用，实现工作台自动往返循环运动。

【任务实施】

2.2.1　设置绘图环境

想要正确绘制机床工作台自动往返循环控制电路原理图，必须对 AutoCAD 2014 绘图环境进行设置。从创建新文件（新文件命名为"接触器联锁电动机正、反转控制电路原理图.dwg"）、设置工作空间、设置图像界限、绘制图框、绘制标题信息、创建图层 6 个方面进行设置。此绘图环境的设置与接触器联锁电动机正、反转控制电路原理图绘图环境设置相同，不再累述。

2.2.2　机床工作台自动往返循环控制电路原理图的绘制

在完成绘图环境的配置以后，就可以绘制机床工作台自动往返循环控制电路原理图了，具体步骤如下。

1. 绘制电气符号

机床工作台自动往返循环控制电路原理图中的电气符号如表 2-2 所示。其中常开按钮、常闭按钮、接触器线圈、接触器常开触点、接触器常闭触点、接触器主触点、熔断器、三相异步电动机、热继电器动断触点、热继电器线圈，在前面的课程中已经讲过，并且建立了图块，可以直接调用。

表 2-2　机床工作台自动往返循环控制电路原理图电气符号

名称	符号	名称	符号
常开按钮		接触器常闭触点	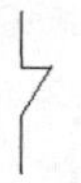
常闭按钮		接触器主触点	
刀开关		熔断器	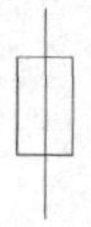
接触器线圈	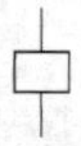	三相异步电动机	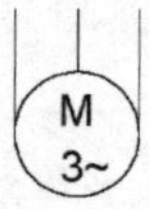
接触器常开触点		热继电器动断触点	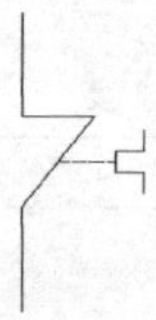
热继电器线圈	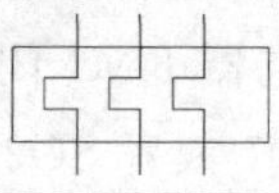	限位开关常开触头	
限位开关常闭触头		接地线	

（1）刀开关的绘制。绘制刀开关的步骤如下。

① 单击功能条的 按钮，开启正交模式。

② 单击功能条的 按钮，开启动态输入模式。

③ 单击功能条中的 按钮，开启对象捕捉模式。

④ 执行"直线"命令，画一个 5mm 的垂直线段。

⑤ 单击 按钮，开启极轴追踪，并将极轴角设置为 30°。

⑥ 执行"直线"命令，捕捉直线端点，逆时针偏转 120°，画一个长度为 5mm 的斜线。

⑦ 执行"直线"命令，捕捉垂直线和斜线的交点，以交点为起点，向上画一个长为 5mm 的垂直线，完成刀开关的绘制，如图 2-47 所示。

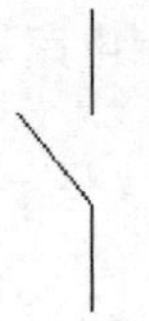

图 2-47　刀开关　　⑧ 按照前面的方法，将刀开关创建为图块，方便以后调用。

（2）限位开关常开触头的绘制。绘制限位开关常开触头的步骤如下。

① 单击功能条的 ⌐ 按钮，开启正交模式。

② 单击功能条的 ╋ 按钮，开启动态输入模式。

③ 单击功能条中的 ☐ 按钮，开启对象捕捉模式。

④ 单击工具栏的 ╱ 按钮，执行线命令。

指定第一点： //单击绘图区域任意一点。

指定下一点或［放弃（U）］： //鼠标向上移动，输入 15，按两次 Enter 键，完成绘制。

⑤ 单击"绘图"→"点"→"定数等分"，如图 2-48 所示。

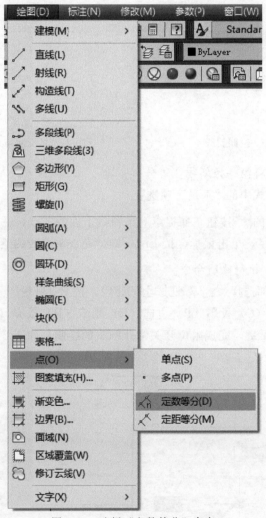

图 2-48 选择"定数等分"命令

选择要定数等分的对象： //单击直线段。

输入线段数目或［块（B）］： //输入 3，完成绘制。

⑥ 将对象捕捉模式中的"节点"项选上。

⑦ 单击 ⌖ 按钮，开启极轴追踪，并将极轴角设置为 30°。

⑧ 单击工具栏中的 ✏ 按钮，捕捉直线段最底部的节点，并单击该节点，鼠标向左上方移动，极轴角跟踪为120°，并捕捉第二个节点向左移动，与斜线形成交点，单击鼠标，完成斜线的绘制，如图2-49所示。

⑨ 单击工具栏中的 ✏ 按钮，捕捉竖直线上面的节点，水平画一条直线段。

⑩ 单击工具栏中的 ✏ 按钮，捕捉竖直线下面的节点，画一条逆时针旋转150°的斜线，如图2-50所示。

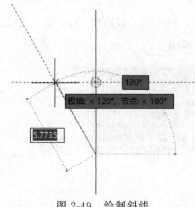

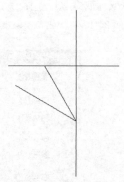

图 2-49　绘制斜线　　　　　　　　　　图 2-50　绘制第二条斜线

⑪ 执行步骤⑤，将第一条斜线3等分。

⑫ 将对象捕捉模式中的"垂足"项选上。

⑬ 单击工具栏中的 ✏ 按钮，捕捉第一条斜线上面的节点，并单击鼠标，然后捕捉到第二条斜线上的垂足，单击鼠标，按 Enter 键，完成垂直线的绘制，如图2-51所示。

⑭ 单击 ⊬ 按钮，执行修剪命令。

选择对象或＜全部选择＞：　//框选全部线段，按 Enter 键。

［栏选（F）窗选（C）投影（P）边选（E）删除（R）放弃（U）］：　//单击需要剪掉的直线，按 Enter 键，完成限位开关常开触头的绘制，如图2-52所示。

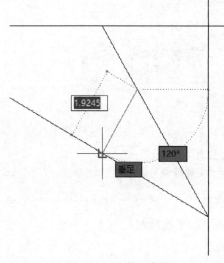

图 2-51　绘制垂直线　　　　　　　　　图 2-52　限位开关常开触头

⑮ 按照前面的方法，将限位开关常开触头创建为图块，方便以后调用，完成限位开关常开触头的绘制。

（3）限位开关常闭触头的绘制。绘制限位开关常闭触头的步骤如下。

① 单击功能条的 ┗ 按钮，开启正交模式。

② 单击功能条的 ╬ 按钮，开启动态输入模式。

③ 单击功能条中的 ▯ 按钮，开启对象捕捉模式。

④ 单击工具栏的 ╱ 按钮，执行"直线"命令。

指定第一点： //单击绘图区域任意一点。

指定下一点或［放弃（U）］： //鼠标向上移动，输入 15，按两次 Enter 键，完成绘制。

⑤ 单击"绘图"→"点"→"定数等分"，将直线 3 等分。

⑥ 将对象捕捉模式中的"节点"项选上。

⑦ 单击 ⟳ 按钮，开启极轴追踪，并将极轴角设置为 30°。

⑧ 单击工具栏中的 ╱ 按钮，捕捉直线段最底部的节点，并单击该节点，鼠标向右上方移动，极轴角跟踪为 60°，并捕捉第二个节点向右移动，与斜线形成交点，鼠标单击交点，完成斜线的绘制，如图 2-53 所示。

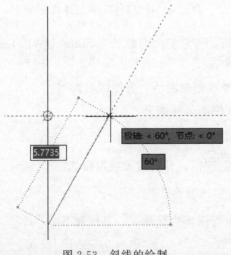

图 2-53 斜线的绘制

⑨ 单击工具栏中的 ╱ 按钮，捕捉斜线顶部的端点，单击该端点，鼠标向左移动，捕捉到垂直线第二个节点，单击该节点，按 Enter 键，完成水平线的绘制，如图 2-54 所示。

⑩ 单击 ╫ 按钮，完成修剪，如图 2-55 所示。

⑪ 单击"绘图"→"点"→"定数等分"，将斜线 3 等分。

⑫ 单击工具栏中的 ╱ 按钮，捕捉到斜线的第二个节点，单击该节点，鼠标向左移动捕捉到垂直线与斜线的交点，单击该交点，如图 2-56 所示。鼠标向下垂直移动，捕捉到垂直线的端点，单击该端点，按 Enter 键，完成绘制。

图 2-54　绘制水平线　　　　　　　　　图 2-55　执行"修剪"后的效果

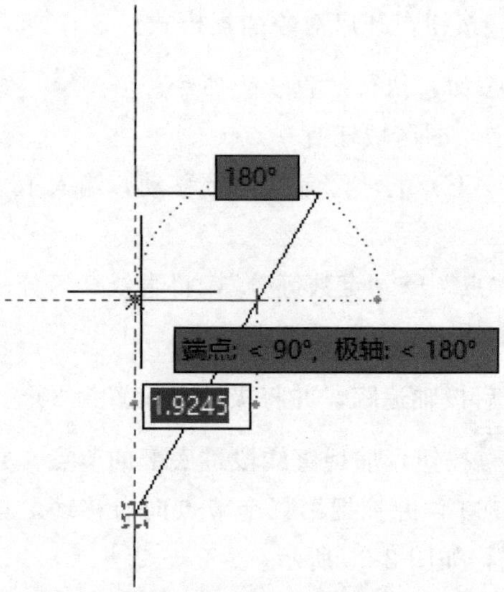

图 2-56　捕捉斜线和垂直线的交点

⑬ 单击斜线和水平线，将它们向右拉长 0.5mm，按 Enter 键，完成限位开关常闭触点的绘制，如图 2-57 所示。

⑭ 将限位开关常闭触点创建图块，方便以后调用。

（4）接地线的绘制。绘制步骤如下。

① 单击功能条的 按钮，开启动态输入模式。

② 单击功能条中的 按钮，开启对象捕捉模式。

③ 单击 按钮，开启极轴追踪。

④ 单击 按钮，执行正多边形命令，具体如下。

_ polygon 输入侧面数 <3>：　//输入 3，按 Enter 键。

指定正多边形的中心点或 [边（E）]：　//单击绘图区域任意一点。

输入选项 [内接于圆（I）/外切于圆（C）] <C>：　//单击外切于圆，如图 2-58 所示。

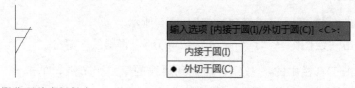

图 2-57　限位开关常闭触点　　　　　　　图 2-58　选择"外切于圆"

指定圆的半径：　//输入 2.5，按 Enter 键，结束正三角形的绘制，如图 2-59 所示。

⑤ 执行"分解"命令，将正三角形分解。

⑥ 单击"绘图"→"点"→"定数等分"，将正三角形两边斜线分别 3 等分。

⑦ 单击"直线"命令，连接正三角形两边斜线的等分点，如图 2-60 所示。

⑧ 删除正三角形两边的斜线。

⑨ 单击  按钮，执行直线命令，捕捉正三角形底边的中点，鼠标向上移动，输入 5mm，按 Enter 键，完成接地线的绘制，如图 2-61 所示。

图 2-59　正三角形　　　　图 2-60　执行步骤⑦后的图形　　　　图 2-61　接地线

2. 线路层的绘制

绘制线路层步骤如下。

① 单击"格式"→"图层"→"线路层"，将线路层设为当前层，如图 2-62 所示。

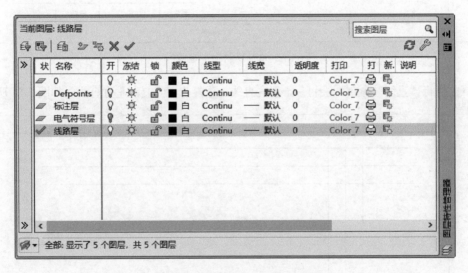

图 2-62　在"图层"中选择"线路层"

② 单击功能条的 按钮，开启正交模式，绘制一条水平直线段。

③ 单击 按钮，执行复制直线命令，按照系统提示进行操作。

选择对象：　//单击直线，按 Enter 键。

指定基点或 ［位移（D）模式（O）］＜位移＞：　//单击直线左侧端点。

指定第二个点或 ［阵列（A）］＜使用第一点作为位移＞：　//鼠标向下移动，输入 10，按 Enter 键。

指定第二个点或 ［阵列（A）退出（E）放弃（U）］＜退出＞：　//鼠标向下移动，输入 20，按两次 Enter 键，复制水平直线，如图 2-63 所示。

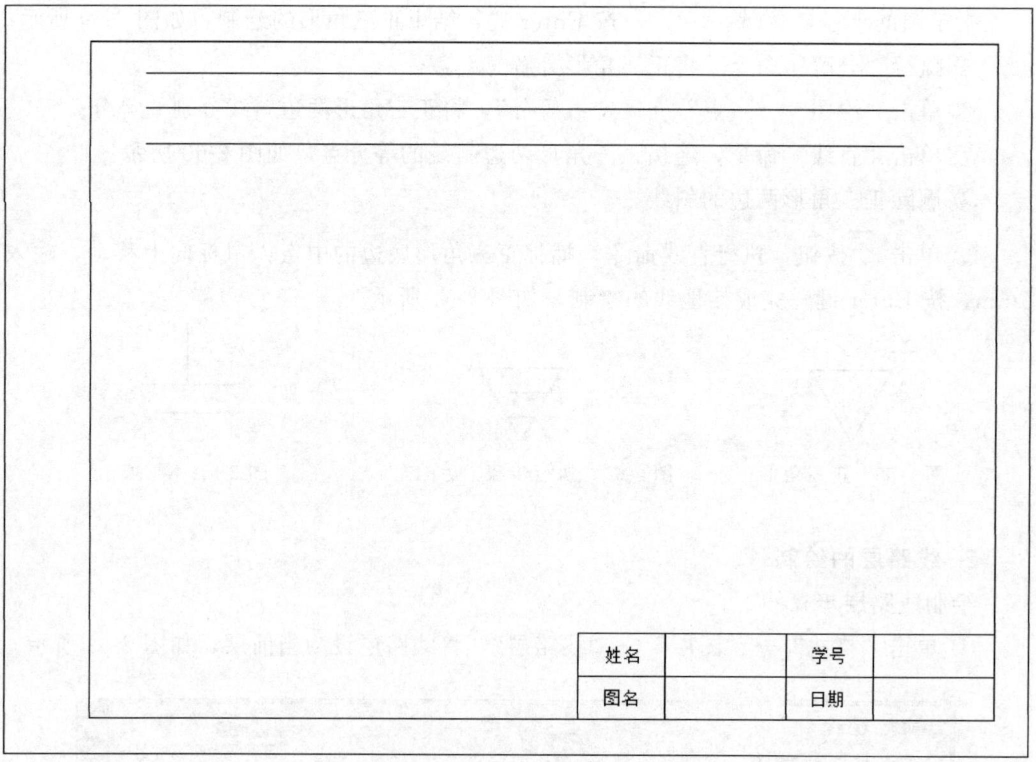

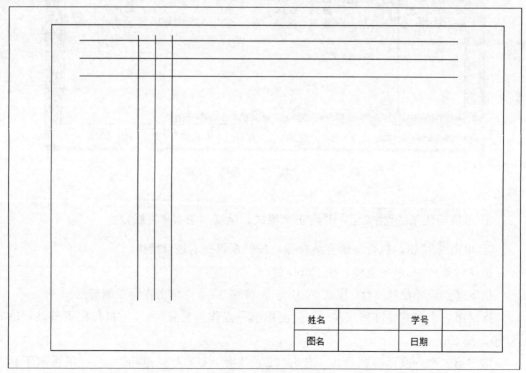

图 2-63　复制水平直线

④ 执行"直线"命令，绘制一条垂直直线，重复步骤③复制垂直直线，如图 2-64 所示。

图 2-64　复制垂直直线

⑤ 按照图 2-65 所示的尺寸，绘制出线路层图。

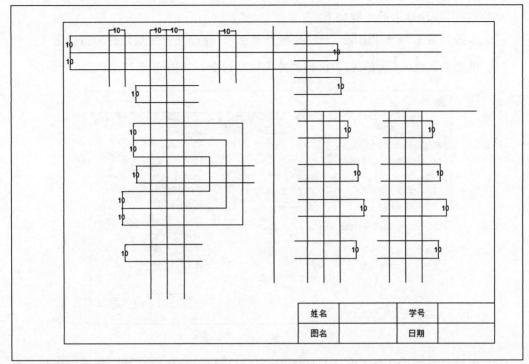

图 2-65　线路层图

⑥ 执行"修剪""删除""拉伸"等命令，完成线路层效果图的绘制，如图 2-66 所示。

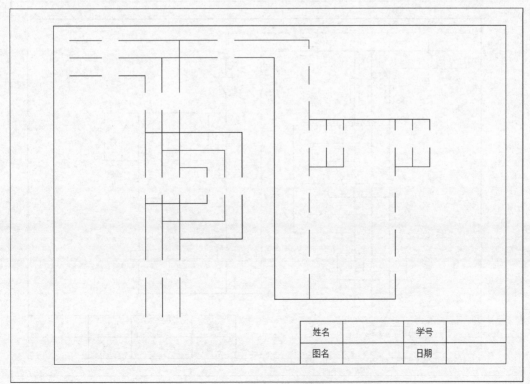

图 2-66　线路层效果图

3. 插入电气符号图块

电气符号图块插入的步骤如下。

① 单击"格式"→"图层"→"电气符号层"，将电气符号层设置为当前层。

② 单击工具栏中 按钮，执行"插入块"命令，如图 2-67 所示。

图 2-67 "插入块"对话框

③ 按照步骤②，将全部电气符号插入电气符号层，并执行旋转、移动、复制等命令，完成"插入块"命令，如图 2-68 所示。

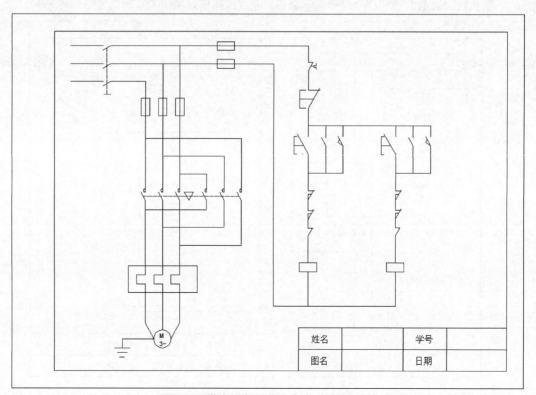

图 2-68 执行"插入块"命令后的效果图

4. 文字标注

根据系统提示进行以下操作。

① 单击"格式"→"图层"→"标注层"，将标注层设为当前层。

② 单击 **A** 按钮，执行文字标注（以接触器线圈文字标注为例）。

指定第一个角点：　//单击刀开关顶部的空白处。

指定对角点或［高度（H）对正（J）行距（L）旋转（R）样式（S）宽度（W）栏（C）］：　//鼠标向右下方移动一定距离并单击鼠标，在弹出的对话框里输入"KM"，将字的高度调整为 3.5mm，单击"确定"，完成文字标注，如图 2-69 所示。

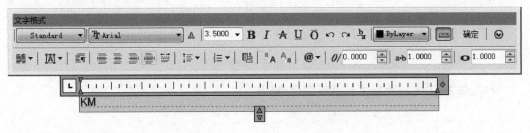

图 2-69　"文字格式"对话框

③ 按照步骤②标注所有的电气元件符号，完成整个机床工作台自动往返循环控制电路原理图的绘制，如图 2-70 所示。

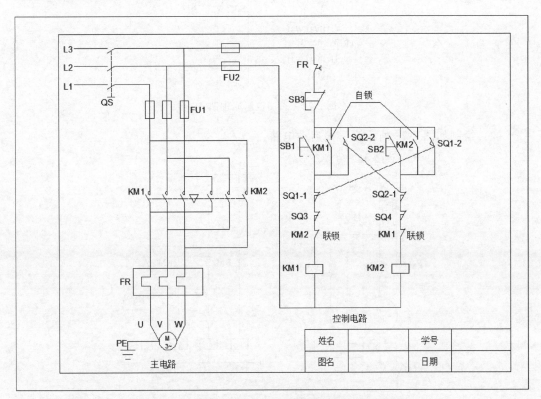

图 2-70　机床工作台自动往返循环控制电路原理图

【拓展训练】

（1）绘制如图 2-71 所示点动控制原理图。

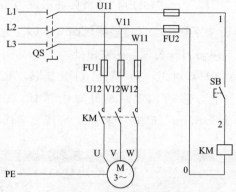

图 2-71　点动控制原理图

（2）绘制如图 2-72 所示长动控制原理图。

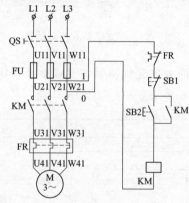

图 2-72　长动控制原理图

（3）绘制如图 2-73 所示星三角启动电路。

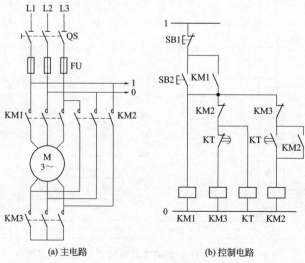

(a) 主电路　　　　　　　(b) 控制电路

图 2-73　星三角启动电路

（4）绘制如图 2-74 所示双重互连正、反控制线路。

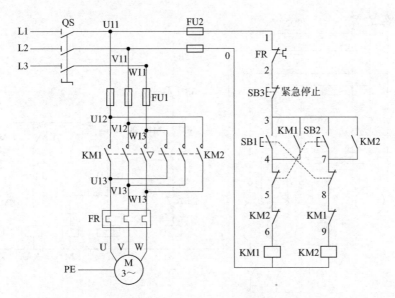

图 2-74　双重互连正、反控制线路

（5）绘制如图 2-75 所示电动机定子串电阻降压启动控制电路原理图。

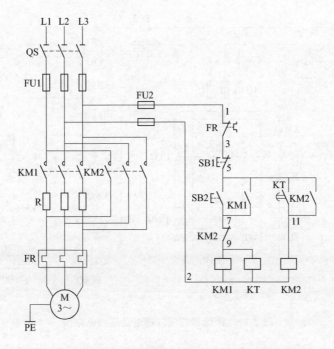

图 2-75　电动机定子串电阻降压启动控制电路原理图

（6）绘制如图 2-76 所示自耦变压器降压启动自动控制线路。

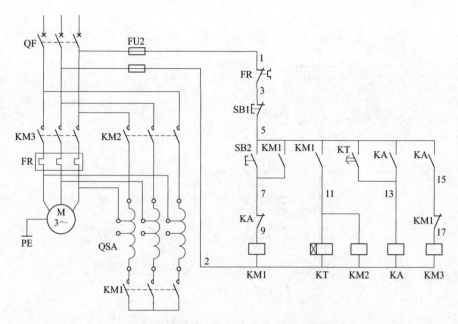

图 2-76　自耦变压器降压启动自动控制线路

（7）绘制如图 2-77 所示接触器控制双速电动机的电路图。

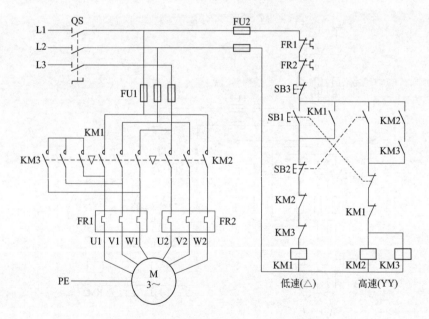

图 2-77　接触器控制双速电动机的电路图

【学习总结】

学习收获	任务 1:
	任务 2:
学习反思	能力提升:
	存在问题:

建筑平面图与电气图的绘制

【项目导读】

建筑电气工程图是应用非常广泛的电气工程图之一。它除了通用电气图的表达之外，还兼具建筑工程图的特点。建筑电气工程图提供了建筑电气设备（如照明灯具、电源插座、消防控制装置等各种工业及民用的电气装置、控制设备、电气设施）的安装位置、安装方法，以及安装接线的有关参数。想要绘制建筑电气工程图，首先必须学会建筑平面图的绘制方法。

【项目要求】

利用 AutoCAD 2014 软件，通过多线命令绘制建筑墙体，通过学习门、窗、楼梯的绘制，完成房屋建筑平面图的绘制。在房屋建筑平面图的基础上，绘制照明电气符号、进行照明系统标注，完成室内电气照明系统图的绘制。该项目要求掌握以下技能和知识：

① 了解建筑平面图的概念，熟悉建筑平面图的绘制规范；
② 能正确设置建筑电气图的图层；
③ 能绘制墙体，能绘制门、窗、楼梯；
④ 能绘制照明设备的电气符号；
⑤ 能正确标注建筑电气图中电气设备。

【项目实施】

任务 1 房屋建筑平面图的绘制

【任务概述】

本项目中的任务 1 主要利用 AutoCAD 软件完成房屋建筑平面图的绘制。本任务与前面项目中的任务同样要定义不同图层，由于建筑图与单纯电气图相比，存在不同的比例，不同标准。本任务先通过学习建筑图的基本知识，然后利用多线命令绘制建筑墙体，再通过修剪等命令绘制门、窗和楼梯，最后对建筑图纸进行标注。通过本任务的学习，大家将对房屋建筑图的绘制有个初步的认识，为今后学习其他类似项目打下基础，学完本任务后，要求学生能绘制出如图 3-1 所示的普通住宅平面图。

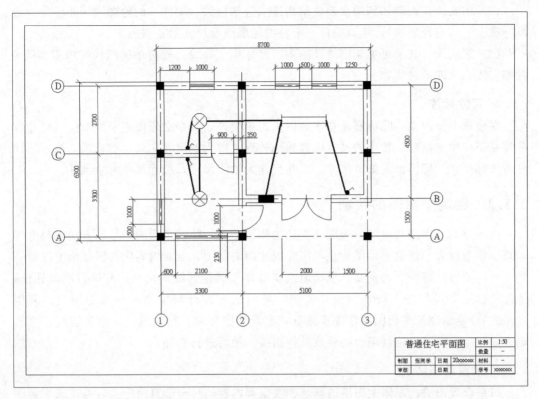

图 3-1 普通住宅平面图

【任务实施】

3.1.1 建筑平面图的制图规范与基本概念

建筑平面图的常用制图规范为：《GB/T 50104—2010 建筑制图标准》和《GB/T 50001—2017 房屋建筑制图统一标准》。

1. 比例

建筑平面图的常用比例有 1∶50、1∶100、1∶150、1∶200、1∶300

2. 定位轴线

是用来确定主要承重构件（墙、柱、梁）位置及尺寸标注的基准。定位轴线应为细点画线；编号在轴线端部的圆内，横向或横墙编号为阿拉伯数字，从左至右顺序编写；竖向或纵向应为大写拉丁字母，从上至下顺序编写（值得注意的是：拉丁字母的 I、O、Z 不得用作轴线编号；如果字母数量不够使用，则可增用双字母或单字母加数字注脚，如 AA、AB…XB 或 A1、B1…Y1）。

3. 图线线型

一般平面图可用宽度比为 1∶0.5∶0.25 的线来绘制。

（1）粗实线。被剖切到的主要建筑构造（包括构件、配件）如承重墙、柱的断面轮廓线及剖切符号。

（2）中实线。被剖切到的次要建筑构造（包括构件、配件）的轮廓线（如墙身、台阶、散水、门扇开启线），建筑构件、配件的轮廓线及尺寸起止斜短线。

（3）细实线。其余可见轮廓线及图例、尺寸标注等线。较简单的图样可用粗实线 b 和细实线 $0.25b$ 两种线宽。

4. 尺寸标注

在建筑平面图中，除标高及总平面以米为单位外，其余必须以毫米为单位。尺寸宜标注在图样轮廓以外。较小的尺寸应离轮廓较近，较大的尺寸应离轮廓较远。最近的尺寸为细部尺寸，即门窗等细节尺寸，中间尺寸为轴线尺寸，最远尺寸为总尺寸。

3.1.2 建筑平面图的绘制

由于建筑平面图与电气原理图所表达的侧重不同，建筑平面图的绘制方法也与电气原理图相差较大。建筑平面图侧重与实际成比例的制图，绘制内容应与实际施工保持一致，所以图形的定位尤为重要。准确地绘制墙体及其他区域的尺寸，并进行准确标注，才能使建筑工程与施工按预定设计实现，避免出现设计与实物不一致的情况。利用 AutoCAD 绘制建筑平面图的常规步骤有：配置绘图环境，绘制轴线，绘制墙线，修改墙线，开门、窗洞，绘制阳台楼梯及其他图线，最后进行标注。

1. 设置绘图环境

（1）设置图层。原则上图层的颜色、线型等内容均可全部自由定义，但建筑平面图中有些是固定通用的图层，为方便其他人阅读、修改，以及与其他软件兼容使用，绘制时应注意这些相关图层的设置。建筑平面图常用图层如表 3-1 所示。

表 3-1 建筑平面图常用图层

图层名称(中文/英文)	线型设置	颜色
轴线/DOTE	CENTER2	索引颜色 1(红)
墙线/WALL	CONTINUOUS	索引颜色 255(白)
柱子/COLUMN	CONTINUOUS	索引颜色 255(白)
门窗/WINDOW	CONTINUOUS	索引颜色 4(青)
楼梯/STAIR	CONTINUOUS	索引颜色 2(黄)
屋顶/ROOF	CONTINUOUS	索引颜色 4(青)
文字/PUB_TEXT	CONTINUOUS	索引颜色 1(白)
尺寸/PUB_DIM	CONTINUOUS	索引颜色 1(绿)

本次任务按照图 3-2 所示的图层进行设置。

（2）修改标注样式。单击"菜单栏"→"格式"→"标注样式"，在"标注样式管理器"对话框中新建标注样式，样式名称为 new，并按图 3-3 所示进行设置。

2. 定位轴线的绘制

① 单击功能条的 正交 按钮，开启正交模式。

图 3-2　图层设置

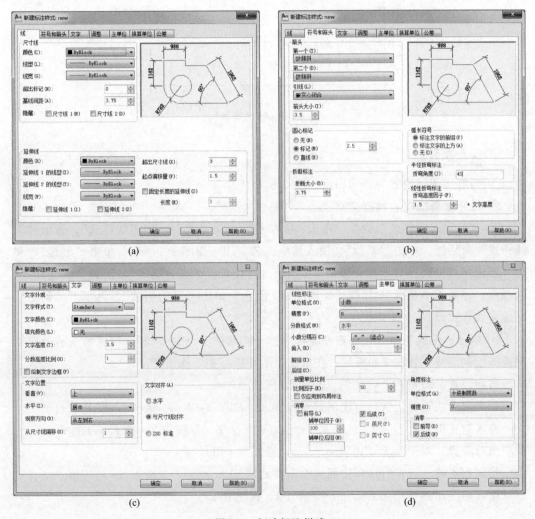

图 3-3　新建标注样式

② 单击功能条的 **DYN** 按钮，开启动态输入模式。

③ 将轴线图层设置为当前图层。

④ 执行 LTS 命令，修改线型比例因子，输入 50，按 Enter 键。

⑤ 执行"直线命令" 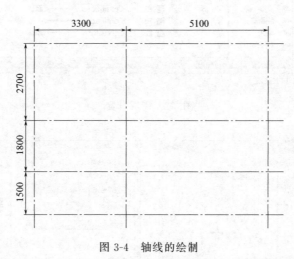 ，在图框内设置水平直线长为 10000mm，竖直方向长为 8000mm。执行"偏移" 命令，偏移量如图 3-4 所示。执行"修剪" 命令，将图线部分修剪完整。

3300   5100

2700

1800

1500

图 3-4   轴线的绘制

3. 墙线的绘制

① 将墙线图层设置为当前图层。

② 打开对象捕捉，捕捉交点。

③ 执行"多线样式"命令。单击"菜单栏"→"格式"→"多线样式"，弹出"多线样式"对话框，单击"新建"，输入新样式名 wall，如图 3-5 所示。单击"继续"，弹出"新建多线样式"对话框，按图 3-6 所示进行设置。单击"确定"，回到"多线样式"对话框，在列表中选择 wall 样式，如图 3-7 所示，单击"置为当前"，再单击"确定"，完成多线样式设置。

④ 执行"多线"命令，单击"菜单栏"→"绘图"→"多线"，根据墙线的分布情况连续绘制墙线，如图 3-8 所示。在系统提示下进行如下操作。

当前设置：对正＝上，比例＝20.00，样式＝wall。

指定起点或［对正（J）/比例（S）/样式（ST）］：J   //输入 J，按 Enter。

输入对正类型［上（T）/无（Z）/下（B）］：Z   //输入 Z，按 Enter。

当前设置：对正＝无，比例＝20.00，样式＝wall。

指定起点或［对正（J）/比例（S）/样式（ST）］：S   //输入 S，按 Enter。

输入多线比例＜20.00＞：1   //输入 1，按 Enter。

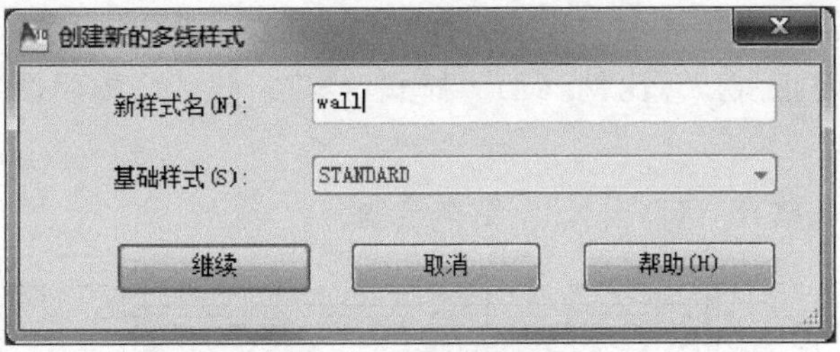

图 3-5　创建新样式名

图 3-6　新建多线样式设置

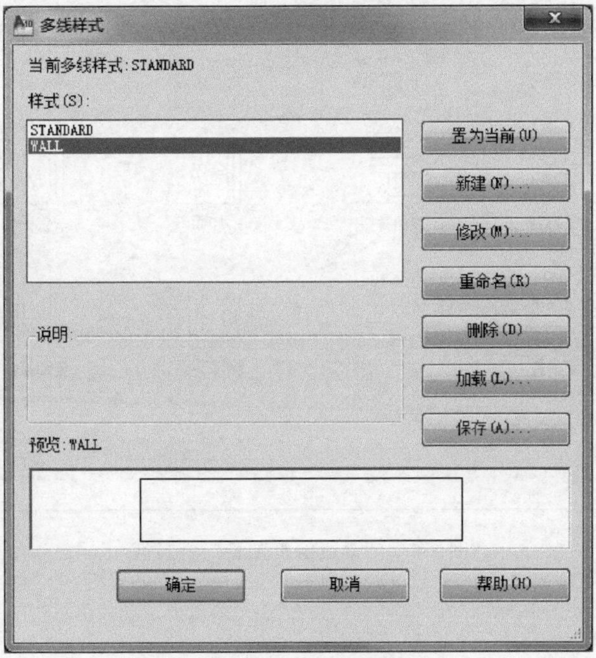

图 3-7　设置多线样式

当前设置：对正＝无，比例＝1.00，样式＝wall。

指定起点或［对正（J）/比例（S）/样式（ST）］：//按照图 3-8 所示开始绘制墙线。

指定下一点或［放弃（U）］　//结束绘制。

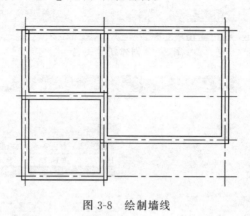

图 3-8　绘制墙线

⑤ 执行"修改"→"对象"→"多线"命令，弹出"多线编辑工具"对话框，如图 3-9 所示。分别选择不同的编辑方式，对需要编辑的多线进行修改，结果如图 3-10 所示。

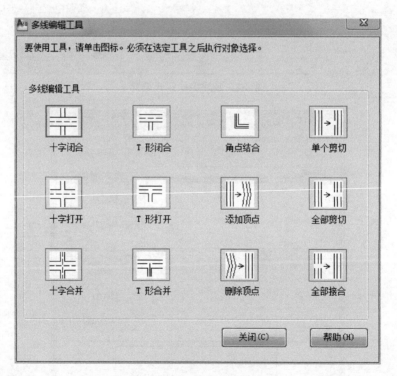

图 3-9　"多线编辑工具"对话框

4. 墙柱的绘制

① 将墙柱图层设置为当前图层，打开"对象捕捉" 对象捕捉 命令。

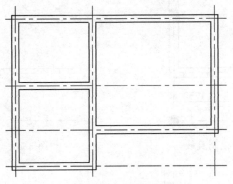

图 3-10　多线编辑结果

② 执行"矩形" 命令，绘制 300mm×300mm 的墙柱截面。

③ 执行"图案填充" 命令，在画好的矩形内填充，填充图案为 solid。

④ 执行"复制" 命令，将填充完的混凝土墙柱截面逐一复制到轴线橡胶的位置，如图 3-11 所示。

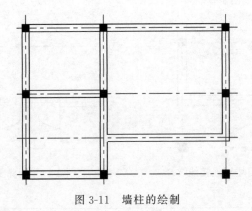

图 3-11　墙柱的绘制

5. 门的绘制

① 单击功能条的 正交 按钮，开启正交模式。

② 将门窗图层设置为当前图层。

③ 执行"直线" 命令，绘制如图 3-12 所示两根直线。

④ 执行"修建" 命令，对墙线进行修剪，修剪结果如图 3-13 所示。

⑤ 执行"直线" 命令，在直线中点上绘制一条垂线，并且与该直线垂直，如图 3-14 所示。

⑥ 执行"圆弧" 命令，在直线两边绘制两条 90° 的圆弧，如图 3-15 所示。再执行"直线" 命令，在圆弧端点添加连接线，如图 3-16 所示。

⑦ 删除多余的线段，如图 3-17 所示。

⑧ 根据图 3-18，绘制图中其余的门。

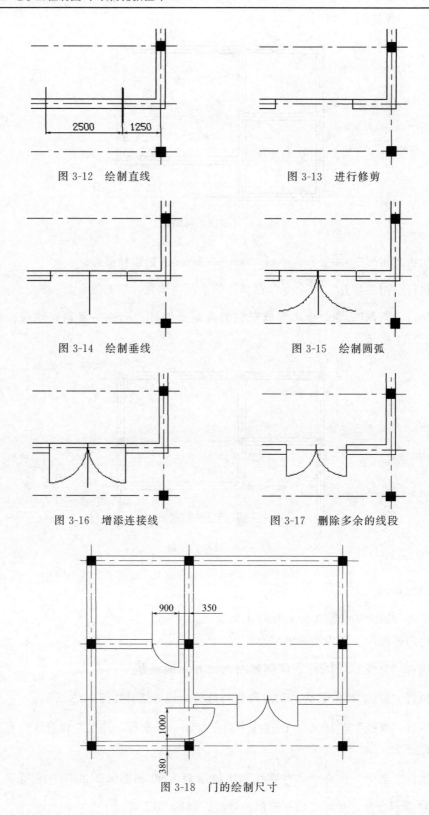

图 3-12　绘制直线　　　　　　　　　　　图 3-13　进行修剪

图 3-14　绘制垂线　　　　　　　　　　　图 3-15　绘制圆弧

图 3-16　增添连接线　　　　　　　　　　图 3-17　删除多余的线段

图 3-18　门的绘制尺寸

6. 窗的绘制

① 将门窗图层设置为当前图层。

② 打开"对象捕捉"，捕捉交点。

③ 执行"多线样式"命令。单击"菜单栏"→"格式"→"多线样式"，弹出"多线样式"对话框，单击"新建"，输入新样式名 WINDOW。单击"继续"，弹出"新建多线样式"对话框，按图 3-19 所示进行设置。单击"确定"，回到"多线样式"对话框，在列表中选择 WINDOW 样式，单击"置为当前"，再单击"确定"，完成多线样式设置。

图 3-19　新建多线样式 WINDOW 设置

④ 执行"多线"命令，单击"菜单栏"→"绘图"→"多线"，根据图 3-20 所示位置绘制窗户。

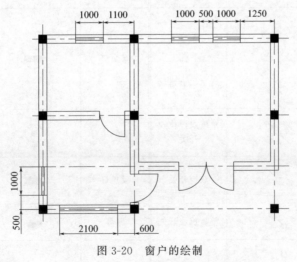

图 3-20　窗户的绘制

7. 绘制电气符号

常用照明设备电气符号如表 3-2 所示。接下来绘制本次制图中需要的电气符号，并储存成块。

表 3-2　常用照明设备电气符号

名称	图形符号	说明	名称	图形符号	说明
插座		一般符号	双极开关		明装 暗装 密闭 防爆
单相插座		明装 暗装 密闭 防爆	三极开关		明装 暗装 密闭 防爆
单相三孔插座		明装 暗装 密闭 防爆	钥匙开关		
三相四孔插座		明装 暗装	灯		一般符号
多个插座		3 个插座	灯管		荧光灯一般符号 三管荧光灯 五管荧光灯
带开关插座		具有单极开关 的插座	局部照明灯		
带熔断器的插座			安全灯		
开关		开关一般符号			
		单极双控拉线 开关	防水防尘灯		
		双控开关	吸顶灯		
		单极拉线开关	壁灯		
单极开关		明装 暗装 密闭 防爆	花灯		

① 图形选中并执行"缩放"命令 ，缩放至 1/50。

② 将电气符号图层设置为当前图层。

③ 绘制单极开关：

a. 执行"圆" 命令，绘制半径为 1.5mm 的圆；

b. 执行"直线" 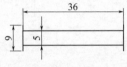命令，按图 3-21 所示绘制两条直线；

c. 执行"旋转" 命令，以圆心为基点，旋转−45°；

d. 执行"填充" 命令，按图 3-22 最终效果填充，绘制单极开关。

图 3-21   绘制两条直线   图 3 22   单极开关

④ 执行"直线" 命令，按图 3-23 绘制日光灯。

⑤ 执行"圆" 命令，绘制半径为 6mm 的半圆，并按图 3-24 初步绘制白炽灯。

图 3-23   绘制日光灯   图 3-24   绘制白炽灯

⑥ 将当前图层改为线路层。执行"直线" 命令，按图 3-25 进行连接白炽灯。

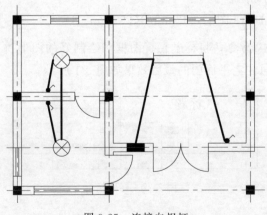

图 3-25   连接白炽灯

8. 标注文字

① 将尺寸图层设置为当前图层。

② 执行"格式"→"标注样式"，打开标注样式管理器，将 new 设为当前标注样式。

③ 执行"圆" 命令，绘制半径为 5mm 的圆，并复制到图 3-26 所示的位置；执行"多行文字"命令，在圆中输入文字，文字高度为 5mm。

④ 按图 3-26 进行标注文字。

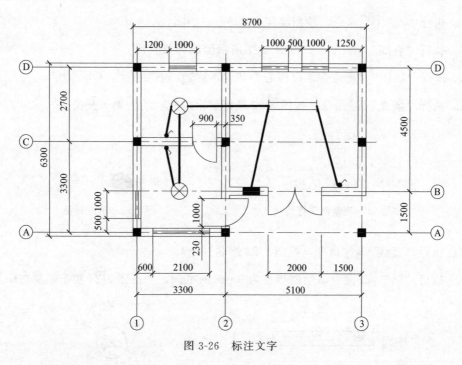

图 3-26　标注文字

9. 绘制标题栏与图框

① 将 0 图层设置为当前图层。

② 按图 3-27 绘制标题栏。

③ 绘制无装订线的 A3 图框，420mm×297mm。

④ 执行"移动" 命令，将标题栏、图框和绘制好的图形拼接、整合，做好相对位置的调整工作。普通住宅平面图的最后效果如图 3-1 所示。

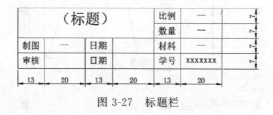

图 3-27　标题栏

任务 2　室内电气照明系统图的绘制

【任务概述】

本任务主要利用 AutoCAD 软件完成电气照明系统图的绘制。电气系统图与电气原理图和建筑平面图不同，电气系统图绘制简单，但注重标注。本任务除了学习绘制系统图之外，也会讲解相关标注定义、格式及标准。通过本课程的学习，将为建筑电气施工图的绘制等打下基础。学完本任务后，要求学生能绘制出如图 3-28 所示的室内电气照明系统图。

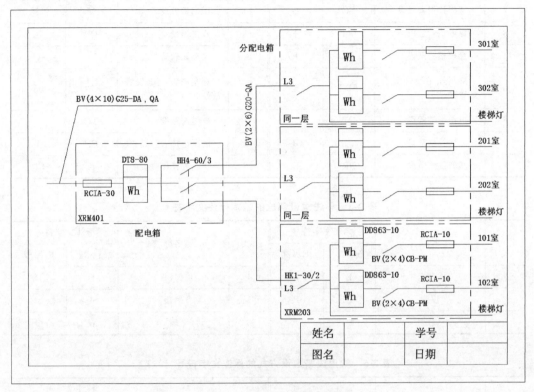

图 3-28   室内电气照明系统图

3.2.1   室内配线及标注

1. 室内配线方式的分类

电能的输送需要传输导线，导线的布置和固定称为配线或敷设。根据建筑物的性质、要求、用电设备的分布及环境特征等的不同，其敷设或配线方式也有所不同。室内配线按其敷设方式可分为明敷设和暗敷设两种。明、暗敷设的主要区别是线路在敷设后，导线和保护线能否为人们用肉眼直接观察到。

（1）明敷设。导线直接或在管子、线槽等保护体内，敷设于墙体、顶棚的表面及桁架、支架等处。

（2）暗敷设。导线在管子、线槽等保护体内，敷设于墙体、顶棚、地坪及楼板等内部，或在混凝土板孔内敷设。

常见的室内线路敷设方式及工程图上标注文字符号，以及新旧标准对照见表 3-3～表 3-5。

表 3-3　常用线路敷设方式的标注文字符号（一）

序号	名称	标注文字符号 新标准	旧标准	序号	名称	标注文字符号 新标准	旧标准
1	暗敷设	C	A	9	明敷设	E	M
2	穿焊接钢管敷设	SC	G	10	用钢索敷设	M	S
3	穿电线管敷设	MT	T	11	直接埋设	DB	无
4	穿硬塑料敷设	PC	P	12	穿金属软管敷设	CP	F
5	穿阻燃半硬聚氯乙烯管敷设	FPC	无	13	穿塑料波纹电线管敷设	KPC	无
6	电缆桥架敷设	CT	CT	14	电缆沟敷设	TC	无
7	金属线槽敷设	MR	GC	15	混凝土排管敷设	CE	无
8	塑料线槽敷设	PR	XC	16	瓷瓶或瓷柱敷设	K	CP

表 3-4　导线敷设部位的基本标注文字符号

序号	名称	标注文字符号 新标准	旧标准	序号	名称	标注文字符号 新标准	旧标准
1	梁	B	L	4	地面(板)	F	D
2	顶棚	CE	P	5	吊顶	SC	
3	柱	C	Z	6	墙	W	Q

表 3-5　常用线路敷设方式的标注文字符号（二）

序号	名称	标注文字符号 新标准	旧标准	序号	名称	标注文字符号 新标准	旧标准
1	沿或跨梁敷设	AB	B	6	暗敷设在墙内	WC	WC
2	暗敷设在梁内	BC	LA	7	沿天棚或顶板面敷设	CE	CE
3	沿或跨柱敷设	AC	C	8	暗敷设在屋顶或顶板内	CC	无
4	暗敷设在柱内	CLC	C	9	吊顶内敷设	SCE	SC
5	沿墙面敷设	WS	WE	10	地板或地面下敷设	FC	FC

2. 线路在系统图中的标注方式

基本标注格式：

$$a-b(c \times d)e-f \tag{3-1}$$

式中，a 为线路编号或线路用途的符号；b 为导线型号，如 BLV 为铝芯聚氯乙烯绝缘导线；c 为导线根数；d 为导线截面；e 为线路敷设方式或保护管管径；f 为线路敷设部位。

例如：N1—ZRBV(5×6)CT/PC25—WC/CC

N1 为回路编号；ZRBV（5×6）是 5 条截面为 $6mm^2$ 的阻燃铜芯聚氯乙烯绝缘电

线；CT/PC25 为穿直径 25mm 硬塑料官桥架敷设；WC/CC 为暗敷设在墙内、屋面活顶板内。

3. 电线种类及电缆种类

（1）电线种类。对于室内照明配线来说，一般使用绝缘电线。绝缘电线主要有塑料绝缘电线和橡皮绝缘电线两大类。导线型号中第一位字母"B"表示布置用导线，第二位字母表示导线材料，默认为铜芯，铝芯用"L"表示，若无 L 则为铜芯，后面几位为绝缘材料及其他。绝缘电线的型号和名称见表 3-6。

表 3-6　绝缘电线的型号和名称

导线	名称		型号	
			铝芯	铜芯
塑料绝缘电线	聚氯乙烯绝缘线	铜（铝）芯聚氯乙烯绝缘导线	BLV	BV
		铜（铝）芯聚氯乙烯绝缘乙烯保护套导线	BLVV	BVV
橡皮绝缘电线	氯丁橡皮绝缘线	铜（铝）芯氯丁橡皮绝缘导线	BLXF	BXF
	玻璃丝编织橡皮绝缘线	铜（铝）芯橡皮绝缘导线	BLX	BX

（2）电缆种类。电缆的基本结构由线芯、绝缘层、屏蔽层和保护层四部分组成。线芯是电缆的导电部分，用来输送电能，为电缆的主要部分。绝缘层将线芯与大地及不同相的线芯相互电气隔离，保证电力的正常输送。15kV 以上的电力电缆一般需要屏蔽层，导体屏蔽层和绝缘屏蔽层应同时具备。保护层的作用是保护电缆免受外界杂质和水分的侵入，以防止外力直接损坏电缆。

常见电缆为 YJV 型，全称为交联聚氯乙烯绝缘聚氯乙烯护套电力电缆。其最高额定工作温度为 90℃，相比于聚氯乙烯更绝缘，是电缆铺设中的常用电缆。

4. 照明及动力设备在平面图上的表示

常用动力及照明设备，如动力、照明配电箱、开关，灯具等平面图，以标准图形符号表示。除图形符号表示外，还应在图形符号旁边加以文字标注，说明该设备性能和特点，主要包括：设备型号、规格、数量、安装方式和安装高度等。

用电设备文字标注格式：

$$\frac{a}{b} \tag{3-2}$$

式中，a 为设备编号；b 为额定功率（单位为 kW 或 kV·A）。

电力照明和配电箱的文字标注格式：

$$a\,\frac{b}{c}\ \text{或}\ a-b-c\ \text{或}\ a\,\frac{b-c}{d(e\times f)-g} \tag{3-3}$$

式中，a 为设备编号；b 为设备型号；c 为设备功率，单位 kW；d 为导线型号；e 为导线根数；f 为导线截面面积，单位 mm²；g 为导线敷设方式及部位。例如：

$$2\,\frac{\text{XRM201—08—1}}{12} \tag{3-4}$$

该标注表示：2 号照明配电箱，型号为 XRM201—08—1，功率为 12kW。

照明灯具的文字标注格式为：

$$a-b\frac{c\times d\times L}{e}f \qquad (3-5)$$

式中，a 为灯具的数量；b 为灯具的型号或代号；c 为每盏照明灯具的灯泡数；d 为每个灯泡的容量，单位为 W；e 为灯泡安装高度；f 为灯具安装方式；L 为光源的种类（白炽灯为 IN，荧光灯为 FL，钠灯为 NA 等）。例如：

$$5\text{-}YG_2\frac{2\times 40\times FL}{2.5}CS \qquad (3-6)$$

该标注表示：有 5 套型号为 YG_2 的荧光灯，每盏灯具有两个 40W 的荧光灯管，安装高度为 2.5m，采用链吊式安装。

灯具安装方式标注的文字符号如表 3-7 所示。

表 3-7　灯具安装方式标注的文字符号

序号	名称	标注文字符号		序号	名称	标注文字符号	
		新标准	旧标准			新标准	旧标准
1	线吊式	SW	WP	7	顶棚内安装	CR	无
2	链吊式	CS	C	8	墙壁内安装	WR	无
3	管吊式	DS	P	9	支架上安装	S	无
4	壁装式	W	W	10	柱上安装	CL	无
5	吸顶式	C	—	11	座装	HM	无
6	嵌入式	R	R	12	台上安装	T	无

3.2.2　室内电气照明系统图的绘制

建筑电气系统图包括变配电工程的供配电系统图、室内电气照明系统图、电缆电视系统图等。电气系统图定义为用符号或带注释的框图，概略地表示系统或分系统的基本组成，主要电气设备、原件之间的连接情况，以及它们的规格、型号、参数等。

本任务是利用 AutoCAD 绘制室内电气照明系统图，该系统图描述的对象为配电设备和供电线路，完成后如图 3-28 所示。整个系统采用三相四线供电，电源进户标注为 BV（4×10）G25—DA·QA，表示四根截面积为 10mm² 的铜芯塑料绝缘线，放在直径为 25mm 的焊接钢管内，埋地暗敷设。总配电箱型号为 XRM401，内有型号为 RCIA—30 的瓷插式熔断器、型号为 DT8—80 的三相电镀总表和型号为 HH4—60/3 的三相控制铁壳开关。总配电箱分出三条供电干线均为单相二线，标注为 BV（2×6）G20—QA，表示两根每根截面积为 6mm² 的铜芯塑料绝缘线，放在一根直径为 20mm 的焊接钢管内，沿墙暗敷设，分别到三层各自的分配电箱。分配电箱的型号为 XRM203，内设有型号为 HK1—30/2 的单相胶壳开关、型号为 DD863—10 的单相电度表和型号为 RCIA—10 的熔断器。每层用户电源线标注为 BV（2×4）CB—PM，表示两根截面积为 4mm² 的铜芯塑料绝缘线，用塑料线沿天棚明敷设。

1. 设置绘图环境

① 图层：创建电气符号层、线路层、虚线层和注释层，每层设置均为默认。

② 图框：在第 0 层绘制 A4（297mm×210mm）图幅的图框。

③ 标题栏：在第 0 层执行"表格命令"，绘制标题栏如图 3-29 所示。并将标题栏放置于图框右下角处。

图 3-29　标题栏

2. 绘制电气符号

（1）绘制电度表

① 执行"直线" 命令，绘制电度表框架，如图 3-30 所示。

② 执行"多行文字" **A** 命令，按图 3-30 所示绘制标注文字，文字高度为 5mm。

（2）绘制刀开关

① 执行"直线" 命令，绘制刀开关的三条直线，如图 3-31 所示。

② 执行"旋转" 命令，将第二条直线旋转 30°，旋转基点为第三根线段的上端点。

（3）绘制熔断器

执行"直线" 命令，绘制熔断器如图 3-32 所示。

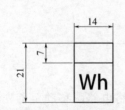

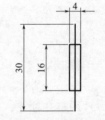

图 3-30　电度表框架的绘制　　　图 3-31　刀开关的绘制　　　图 3-32　熔断器的绘制

3. 绘制系统图

（1）绘制配电箱

① 在"电气符号层"上插入绘制好的熔断器、电度表和刀开关。

② 将图层设置为"线路层"，执行"直线" 命令，将各电气符号连接起来。

③ 将图层设置为"虚线层"，执行"直线" 命令，绘制配电箱，整体效果如图 3-33 所示。

（2）绘制分配电箱

① 在"电气符号层"上插入绘制好的熔断器、电度表和刀开关。

② 将图层设置为"线路层"，执行"直线" 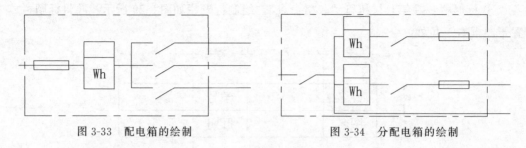命令，将各电气符号连接起来。

③ 将图层设置为"虚线层"，执行"直线"命令，绘制虚线边框，绘制分配电箱之后的整体效果如图 3-34 所示。

图 3-33   配电箱的绘制   图 3-34   分配电箱的绘制

（3）绘制整体电路图。将配电箱和分配电箱布局在已画好的图中，如图 3-35 所示（注意：图中有三个分配电箱纵向分布）；在"线路层"上，执行"直线"命令，连接各个部分。完成后的整体电路图如图 3-35 所示。

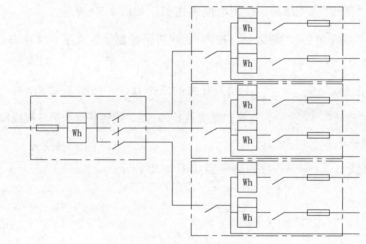

图 3-35   整体电路图的绘制

（4）调整并标注。执行"缩放" 和"移动" 命令，将电路图移动至事先绘制好的 A4 图框中。

将图层设置为"标注层"，执行"多行文字" 命令，按照图 3-28 进行标注，字体高度为 3.5。

【拓展训练】

1. 请问照明配电线路 BV(3×4)SC20—FC，WC 的含义是？

2. 请问灯具 $12—PAK—A04—236 \dfrac{2 \times 36}{2.9}P$ 的含义是？

3. 请绘制表 3-2 常用照明设备电气符号中：三相四孔插座、花灯、吸顶灯、防水防尘灯的电气符号。

4. 根据图 3-36 所示，自行选择比例与图幅绘制建筑照明电气工程图。

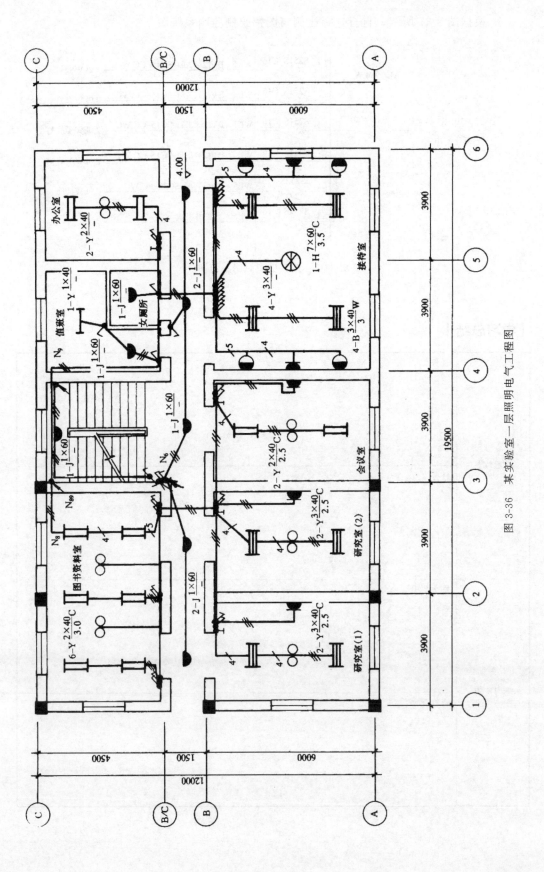

图 3-36　某实验室一层照明电气工程图

5. 根据图 3-37 所示，自行选择比例与图幅绘制照明系统图。

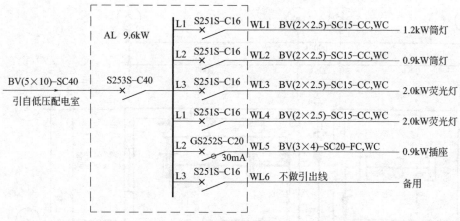

图 3-37　某一房屋照明系统图

【学习总结】

	任务 1：
学习收获	
	任务 2：
学习反思	能力提升：
	存在问题：

项目4

电子装配图的绘制

【项目导读】

在生产制造过程中,电子工程制图的接线图、线扎图和装配图,广泛应用于各种生产、装配、扎线等。装配图是表达机器或部件的工作原理、运动方式、零件间的连接及其装配关系的图样,它是生产中的主要技术文件之一。在生产一部新机器或者部件的过程中,一般要先进行设计,画出装配图,再由装配图拆画出零件图,然后按零件图制造零件,最后依据装配图把零件装配成机器或部件。在对现有的机器和部件检修工作中,装配图是必不可少的技术资料。在技术革新、技术协作和商品市场中,也常用装配图纸体现设计思想,交流技术经验和传递产品信息。

【项目要求】

本项目利用 AutoCAD 软件,绘制接线图、线扎图以及装配图,通过学习连接线的表示方法、接线图和接线表的相互转换,学会接线图的绘制方法;通过学习线扎图的折弯符号及意义、线扎图的绘制步骤、线扎图明细栏的绘制方法,学会线扎图的绘制方法;通过学习立体三视图相关知识、装配图基础知识,学会 HX108-2 收音机装配图的绘制方法。该项目要求掌握以下技能和知识:

① 了解且能识读接线图和接线表的含义;

② 能绘制接线图,能将接线图转换为接线表;

③ 知道线扎图相关符号及意义;

④ 能用结构方式和图例方式绘制线扎图;

⑤ 能正确标注线扎图及绘制线扎图明细表;

⑥ 掌握三视图及三视图投影体系、装配图基础知识;

⑦ 能绘制 HX108-2 收音机装配图。

【项目实施】

任务 1　接线图的绘制

【任务概述】

本任务主要利用 AutoCAD 软件完成接线图的绘制。接线图形式简单,清晰明了,以表明设备器件之间的功率、电能或信号连接。本任务通过学习接线图与接线表的定义和相关规范，掌握接线图的绘制与表示方法，以及接线表的绘制。通过本任务的学习，学生将对接线图的绘制有个初步的认识，为今后学习其他类似项目打下基础。学完本任务，要求学生能绘制出如图 4-1 所示的接线图。

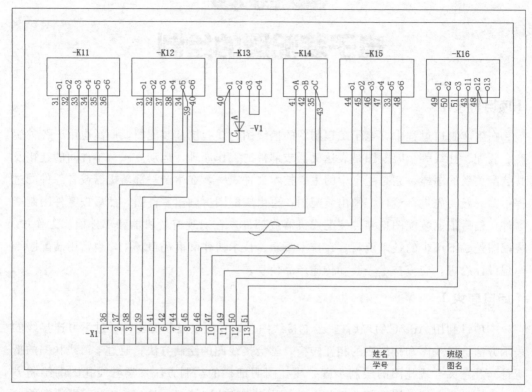

图 4-1　接线图

【任务实施】

4.1.1　基本概念

接线图是用符号表示电子产品中各个项目（元器件、组件、设备等）之间电连接，以及相对位置的一种简图。将简图的全部内容改用简表的形式表示，就成了接线表。接线图和接线表是表达相同内容的两种不同形式，两者功能完全相同，可以单独使用，也可以组合在一起使用。它们是在电路图和逻辑图的基础上绘（编）制出来的，应表示出项目的相对位置、项目代号、端子号、导线号、导线类型、导线截面积、屏蔽和导线组合等内容。

1. 相关标准及规范

导线的颜色或数字标识方法见 GB/T 7947—2010《人机界面标志标识的基本和安全规则　导体的颜色或数字标识》，电气颜色标号规定见 GB/T 13534—2009《颜色标志的代码》。

2. 导线的表示方法

连续线表示法：是将连接线头、尾用导线联通的表示方法，连接线既可用多线，也可用单线。为了避免图线太多，影响图面清晰，对于多条去向相同的连接线，通常采用单线表示，但若两端处于不同位置时，必须在两个互有连接关系的线端加注标记，如图 4-2 表示。

中断线表示法：电气图的连接线有可能会穿过图中符号较密集的区域，也可能从一张图纸连接到另一张图纸，或出现连接线较长的情况，这时连接线可中断，但应在连接线中断处进行标记，如图 4-3 所示。

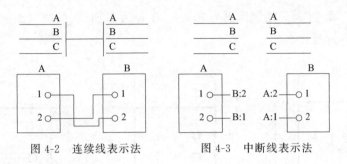

图 4-2 连续线表示法　　　　图 4-3 中断线表示法

4.1.2 接线表与接线图

接线图与接线表能相互转换，两者表达形式不同，但功能完全相同。现在，将图 4-1 由图到表进行转换（表 4-1）。

表 4-1 以连接线为主的接线表

连接线			连接点					
型号	线号	备注	项目代号	端子代号	备注	项目代号	端子代号	备注
	31		－K11	:1		－K12	:1	
	32		－K11	:2		－K12	:2	
	33		－K11	:3		－K15	:5	
	34		－K11	:4		－K12	:5	39
	35		－K11	:5		－K14	:C	43
	36		－K11	:6		－X1	:1	
	37		－K12	:3		－X1	:2	
	38		－K12	:4		－X1	:3	
	39		－K12	:5	34	－X1	:4	
	40		－K12	:6		－K13	:1	－V1
	—		－K13	:1	40	－V1	:C	
	—		－K13	:2		－V1	:A	
	短接线		－K13	:3		－K13	:4	

4.1.3 接线图的绘制

1. 设置绘图环境

设置图层：新建电气符号层、标注层和接线层。

2. 绘制 K 项目图形符号

① 单击功能条的 正交 按钮，开启正交模式。

② 单击功能条的 DYN 按钮，开启动态输入模式。

③ 将电气符号层设置为当前图层。

④ 执行"直线"命令 ∕，按图 4-4 所示绘制三个 K 项目图形符号，并按照图中位置，执行"圆"命令 ⊙，绘制间隔为 8mm、半径为 1.5mm 的圆（图中粗线仅为轮廓强调，不进行实际操作）。

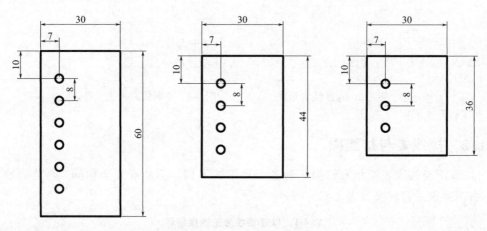

图 4-4 三个 K 项目图形符号

3. 绘制 X 项目图形符号

① 将电气符号层设置为当前图层。

② 执行"表格" ⊞ 命令，弹出"插入表格"对话框，如图 4-5 所示进行设置。点击"确定"按钮后，单击图中空白处即可完成表格绘制。

③ 单击绘制的表格，选择前两行表格，如图 4-6（a）所示。出现"表格"工具条，如图 4-7 所示。点击"表格"工具条中的"删除行" 命令，删除前两行表格，调整每行行高至 10mm，并对剩下表格进行文字输入，文字高度为 5，完成后的 X 项目图形符号如图 4-6（b）所示。

4. 绘制二极管

① 将电气符号层设置为当前图层。

② 执行"正多边形" ⬠ 命令，绘制边长为 8mm 的正三角形；执行"直线" ∕ 命令，按照图 4-8 进行绘制。

5. 绘制连接线

① 将电气符号层设置为当前图层，将 K 项目符号以间隔 10mm 移动至如图 4-9 所示位置，将 X 项目符号以及二极管移动到图中合适位置。

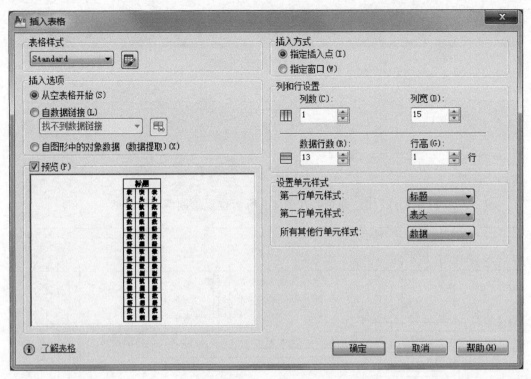

图 4-5　设置表格

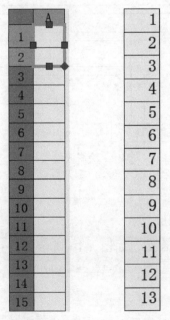

(a) 选择前两行表格　　(b) X项目图形符号

图 4-6　绘制 X 项目图形符号

② 将线路层设置为当前图层，执行"直线" 命令，按图 4-9 所示进行接线图连接。

图 4-7　"表格"工具条

图 4-8　二极管

③ 执行"样条曲线" 命令，在图 4-9 所示位置绘制两条波浪线。

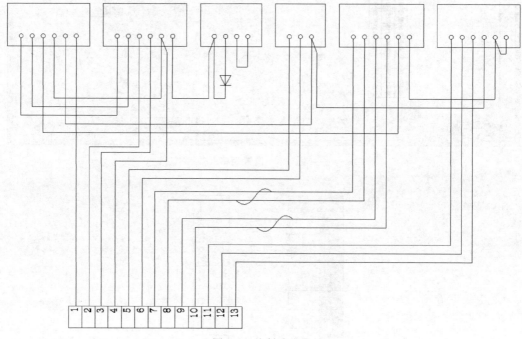

图 4-9　绘制波浪线

6. 标注

① 将注释层设置为当前图层。

② 执行"多行文字" Ａ 命令，如图 4-10 所示进行标注（注意：文字可进行旋转）。

7. 线框及调整

① 将 0 层设置为当前图层，执行"直线" 命令，绘制 A3 图框：420mm ×
297mm。

② 按照图 3-29 绘制标题栏。

③ 执行"移动" 命令，将绘制好的图形移动到 A3 图框中。最终完成的效果图
如图 4-1 所示。

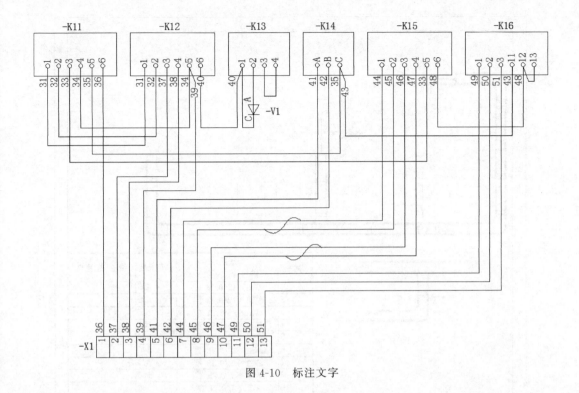

图 4-10　标注文字

任务 2　线扎图的绘制

【任务概述】

本任务主要利用 AutoCAD 软件完成线扎图的绘制。电气产品中导线通常很多，为了保证布线整齐美观及使用安全，应将导线捆成线扎。通过本任务的学习，学生将对线扎图识读与绘制会有基本认知，为未来实习或工作打下一定的识图、绘图基础。学习本任务后，要求学生能绘制出如图 4-11 所示的线扎图。

【任务实施】

4.2.1　线扎图的基本概念

线扎图是按照产品结构及电气安装的要求，将多根导线（电缆）用绑扎或粘合等方法连接成束的图样。线扎图一律采用将线扎展开在同一俯视平面内绘制（即采用线扎轴线在同一平面上的线扎图形表示），并展示平面图上加注各种图形符号，使之具有立体概念。

线扎图的表达方式有结构方式与图例方式两种。

1. 结构方式

使用结构方式表达时，线束的主干和分支用双线轮廓绘制；线束始末两端引出头用粗实线绘制；电缆应按实物简化外形尺寸，并用粗实线绘制；绑扎处用两条细实线绘制，如图 4-12 所示。

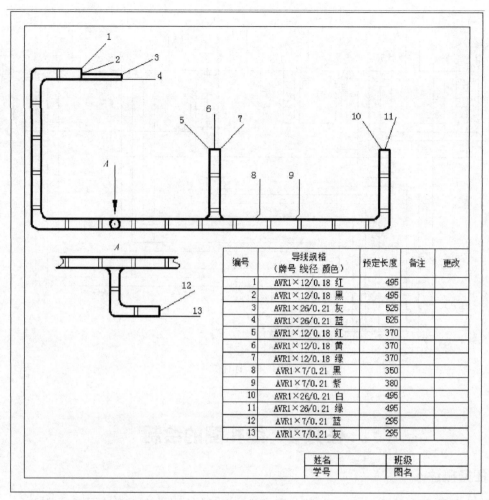

编号	导线规格 （牌号 线径 颜色）	预定长度	备注	更改
1	AVR1×12/0.18 红	495		
2	AVR1×12/0.18 黑	495		
3	AVR1×26/0.21 灰	525		
4	AVR1×26/0.21 蓝	525		
5	AVR1×12/0.18 红	370		
6	AVR1×12/0.18 黄	370		
7	AVR1×12/0.18 绿	370		
8	AVR1×7/0.21 黑	350		
9	AVR1×7/0.21 紫	380		
10	AVR1×26/0.21 白	495		
11	AVR1×26/0.21 绿	495		
12	AVR1×7/0.21 蓝	295		
13	AVR1×7/0.21 灰	295		

姓名		班级	
学号		图名	

图 4-11　线扎图

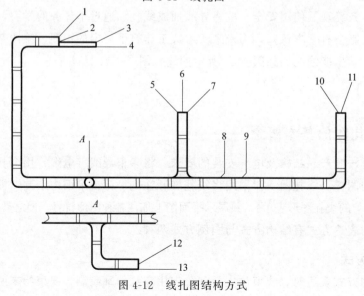

图 4-12　线扎图结构方式

2. 图例方式

使用线扎图图例方式表达时，所有主干、分支和单线均采用粗实线绘制，如图 4-13 所示。

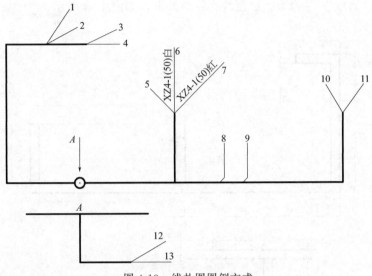

图 4-13　线扎图图例方式

线扎图一般采用在同一平面上的线扎视图表示，在折弯处用折弯符号和 A 向视图补充表示，如图 4-12、图 4-13 所示。折弯符号及其意义如表 4-2 所示。

表 4-2　折弯符号及其意义

符号	意义	符号	意义
⊙	表示向上折弯 90°	⊕	表示线束在折弯处成两个分支折弯，一支向上，一支向下
⊕	表示向下折弯 90°		
⊙→	表示向上折弯 90°，再向右折弯 90°	⊕←	表示向下折弯 90°，再向左折弯 90°

线扎图必须对每根导线进行编号或标注。简单的线扎图可直接在图中进行标注，标注应清晰明确，不易混淆，如图 4-13 所示。如果是较为复杂的线扎图，则需要用明细表来对每根导线进行详细说明，如图 4-11 所示。

4.2.2　绘制线扎图

1. 设置绘图环境

图层：新建标注层和线路层。

2. 绘制线扎图线路

① 将线路层设置为当前图层。

② 打开对象捕捉和正交，将线宽设置为 0.3mm。

③ 执行"直线" 命令，绘制线扎粗略外形，如图 4-14 所示。

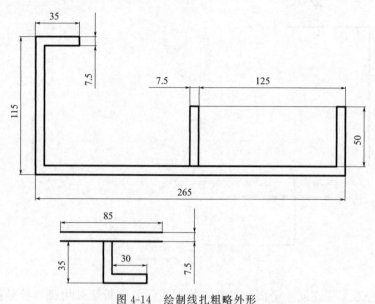

图 4-14 绘制线扎粗略外形

④ 继续执行"直线" 命令，在图 4-14 左上线头处绘制细线扎段。

⑤ 执行"样条曲线" 命令，更改线宽为默认细线，在图 4-14 下方线段开口处绘制截断处的曲线，如图 4-15 所示。

⑥ 执行"圆角" 命令，进行以下设置。

当前设置：模式＝修建，半径＝0.0000。

选择第一个对象或［放弃（U）/多线段（P）/半径（R）/修建（T）/多个（M）］：R　//输入 R，按 Enter 键。

制定圆角半径＜0.0000＞：5　//输入 5，按 Enter 键。

选择第一个对象或［放弃（U）/多线段（P）/半径（R）/修建（T）/多个（M）］：　//选择需要要倒圆角的第一条边。

选择第二个对象，或按住 Shift 键，选择要应用的角点的对象：　//选择第二条边。

执行"圆角" 命令，重复以上最后两步，选择要倒圆角的两条相交边，如图 4-15 所示，将图中直角均倒半径为 5mm 的圆角。

⑦ 执行"圆" 命令，在图 4-15 所示位置绘制直径 7.5mm 的圆，与上下两边相切，该圆的圆心应与下方竖直线扎的中心线在一条直线上；在圆心处绘制半径为 0.3mm 的圆，执行"图案填充" 命令，将该小圆填充，填充图形为 Solid。完成后的圆角与细节效果如图 4-15 所示（注意：图中点划线为辅助线，绘制完后需删除）。

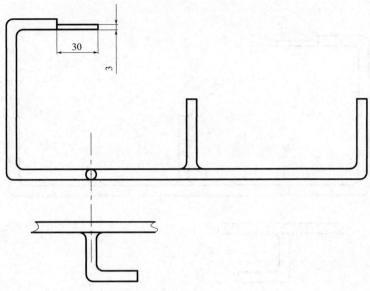

图 4-15　圆角与细节

⑧ 执行"直线" 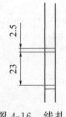 命令，绘制间隔为 2.5mm 的两条细实线，作为线扎绑扎处示意线，并在线扎上以每 23mm 为间隔尺寸，在线扎上绘制绑扎示意线，如图 4-16 所示。值得注意的是，下方横向截线段的绑扎处应与上方横向线路的绑扎处完全一致。完成后的效果如图 4-17 所示。

图 4-16　线扎
绑扎处绘制

⑨ 执行"直线" 命令，如图 4-17 所示，绘制末端导线；执行"多线段"命令，绘制箭头。这样，线扎图线路部分就基本绘制完成了。

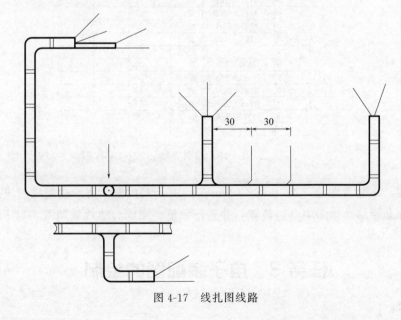

图 4-17　线扎图线路

⑩ 将注释层设置为当前图层，执行"多行文字" A 命令，如图 4-18 所示进行线扎注释，文字高度为 5mm。

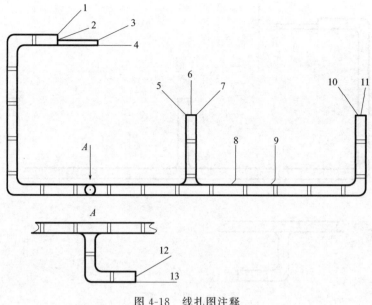

图 4-18　线扎图注释

⑪ 执行"表格" ⊞命令，如图 4-19 所示绘制表格，并输入文字。

编号	导线规格 （牌号 线经 颜色）	预定长度	备注	更改
1	AVR1×12/0.18 红	495		
2	AVR1×12/0.18 黑	495		
3	AVR1×26/0.21 灰	525		
4	AVR1×26/0.21 蓝	525		
5	AVR1×12/0.18 红	370		
6	AVR1×12/0.18 黄	370		
7	AVR1×12/0.18 绿	370		
8	AVR1×7/0.21 黑	350		
9	AVR1×7/0.21 紫	380		
10	AVR1×26/0.21 白	495		
11	AVR1×26/0.21 绿	495		
12	AVR1×7/0.21 蓝	295		
13	AVR1×7/0.21 灰	295		

图 4-19　绘制表格

⑫ 绘制 A3 竖直图框（297mm×420mm），并绘制内框。将绘制完成的线扎图和表格，以及标题栏移动至图中合适位置，并进行调整。完成后的效果如图 4-11 所示。

任务 3　电子装配图的绘制

【任务概述】

本任务主要利用 AutoCAD 软件完成电子装配图的绘制。装配图广泛应用于各类型生产加工中，是必不可缺的一种工程图，无论是机械生产还是电气设备加工，装配图无处不在，学习装配图的绘制和识读是学习工程制图的重要一环。装配图不同于之前所学习的电气工程图，它着重强调视图、布局和组成部分。通过本次任务的学习，大家对装配图的识读会有基本的认知，将了解并掌握三视图及其投影原理、掌握装配图中零件序号、标题栏和明细栏的绘制要求和方法，为未来实习和工作打下基础。学习本任务后，要求学生能绘制出如图 4-20 所示的 HX108-2 收音机装配图。

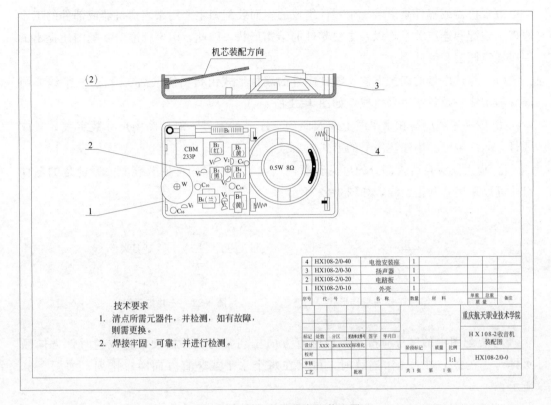

图 4-20　HX108-2 收音机装配图

【任务实施】

4.3.1　装配图基础

1. 装配图的作用和内容

装配图是生产中的重要技术文件，它主要表示机器或部件的结构形状、装配关系、工作原理和技术要求。在产品设计时，先画出装配图，再根据装配图绘制零件图；装配时，根据装配图把零件装配成部件或机器。装配图也是安装、调试、操作、维护和检修部件或机器的重要技术文件。

2. 装配图的内容

（1）一组视图。装配图中的视图用以表达各组成零件的相互位置和装配关系、机器或部件的工作原理和结构特点等。

（2）必要的尺寸。必要的尺寸包括反映机器或部件性能的尺寸，反映零件之间装配关系的尺寸，机器或部件的外形尺寸、安装尺寸和其他重要尺寸等。

（3）技术要求。有关机器或部件的装配、安装、调试过程中的相关数据和性能指标，以及在使用、维护和保养等方面的要求。这些内容应在标题栏附近，以"技术要求"为标题逐条写出。如果技术要求仅一条，不必编号，但不得省略标题。

3. 零件的序号、明细栏和标题栏

由于机器或部件是由若干个零件组成的，而装配图主要用来表达机器或部件的工作原理、装配和连接关系，以及主要零件的结构形状，因此，国家标准对装配图还提出了一些规定画法和特殊表达方法。

（1）零件序号的编排方法。零件序号的编排形式由指引线（细实线）、水平线或圆圈（细实线）及数字序号组成，如图4-21所示。

① 数字序号应写在水平线上或圆圈内，序号的字号一般比图中尺寸数字大一号或两号。同一装配图中编注序号的形式应一致。

② 指引线应自所指部分的可见轮廓内引出。一组紧固件以及装配关系清楚的零件组，可以采用公共指引线，如图4-22所示。

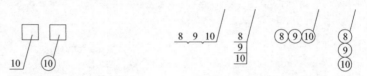

图 4-21　零件序号的编排形式　　　　图 4-22　公共指引线

③ 装配图中的序号应按水平或竖直方向排列整齐，并按顺时针或逆时针方向顺次排列，在整个图上无法连续时，可只在每个水平或竖直方向顺次排列，如图4-20所示。

（2）标题栏和明细栏。明细栏一般配置在装配图标题栏的上方，按由下而上的方向填写。标题栏和明细栏的标准格式如图4-23和图4-24所示。

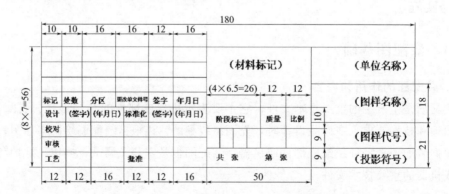

图 4-23　标题栏的绘制

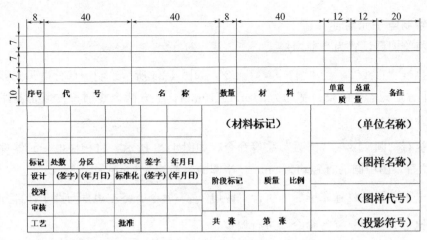

图 4-24　明细栏的绘制

4.3.2　绘制电子装配图

1. 设置绘图环境

图层：新建标注层和绘图层。

2. 绘制框架

① 将绘图层设置为当前图层。

② 执行"直线" ✏ 命令，绘制主视图（19mm×142mm）和俯视图（76mm× 142mm）的外框框架，内框与外框间隔距离为 3mm，如图 4-25（a）所示。

③ 执行"圆角" ◻ 命令，将框架进行倒角，外框倒角半径为 5mm，内框倒角半径为 2.5mm。需要注意的是：图 4-25（a）圆圈Ⅰ中，横线部分与上顶点相差 1mm，放大细节如图 4-25（b）所示。最终效果如图 4-25（a）所示。

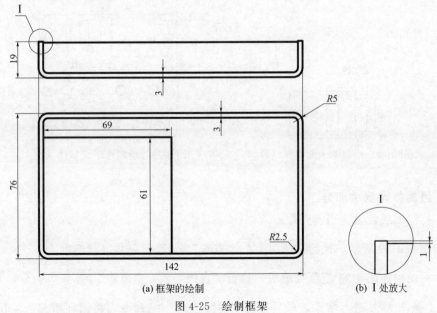

(a) 框架的绘制　　　(b) Ⅰ处放大

图 4-25　绘制框架

3. 绘制电子元器件

① 将绘图层设置为当前图层。

② 执行"直线"、"圆"等命令，如图 4-26 所示绘制一部分电子元器件。其中，四个方形器件的长、宽均为 11mm、10mm，下方两个叠加长方形元器件如图 4-27 所示。

③ 执行"圆"、"圆弧"等命令，如图 4-28 所示，将相应电子元器件放置在合适的位置。图中圆的直径均为 5mm，半圆的半径均为 3mm。

④ 电子元器件放置完毕后，执行"剪切"命令，将左边框与圆干涉部分去除。

⑤ 执行"移动"等命令，进行调整。

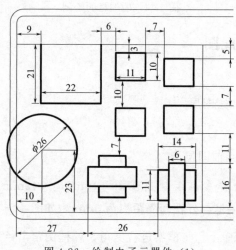

图 4-26　绘制电子元器件（1）

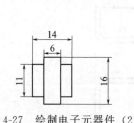

图 4-27　绘制电子元器件（2）

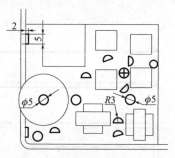

图 4-28　绘制电子元器件（3）

4. 绘制外壳剩余部分

① 将绘图层设置为当前图层。

② 如图 4-29 所示，执行"圆"、"直线"等命令并进行绘制。

③ 将图形如图 4-29 绘制完成后，执行"直线"、"镜像"等命令，并且在其基础上按图 4-30 进行增添，最后执行"图案填充"命令，将圆环填充为 solid。

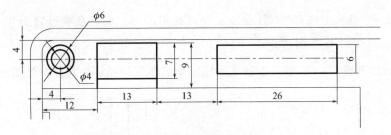

图 4-29 绘制外壳剩余部分（1）

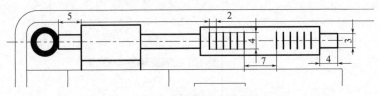

图 4-30 绘制外壳剩余部分（2）

5. 绘制扬声器和电池底座

① 将绘图层设置为当前图层。

② 按图 4-31 所示标注的尺寸绘制大体框架，其中，位于图中四角的四个长方形长宽均为 4mm×10mm。

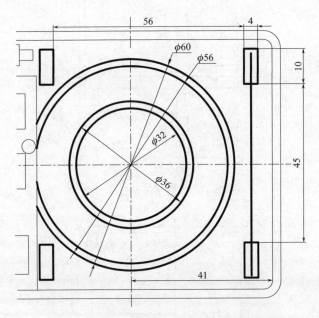

图 4-31 绘制扬声器和电池底座大体框架

③ 绘制完成后，执行"修剪"![icon]命令，将图形中左侧与之干涉的圆弧部分剪切掉。

④ 执行"直线"![icon]命令，在最外圆的上顶点至最内圆的上顶点画一根直线，如图 4-32（a）所示；执行"偏移"![icon]命令，将该直线左右偏移，偏移距离为 5mm，如图 4-32（b）所示；删除中间的竖线，执行"修剪"![icon]命令，如图 4-32（c）所示，去掉

上下多余部分；执行"阵列" 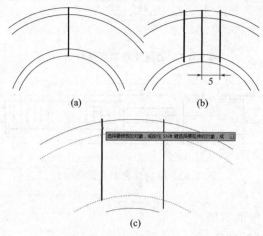 命令，选择环形阵列，项目总数设置为 4，点击"确定"。最终效果如图 4-33 所示。

⑤ 执行"直线" 命令，绘制电池底座中的弹簧和弹簧片部分，如图 4-34 所示。

(a)　　　　　　　　(b)

(c)

图 4-32　绘制扬声器（1）

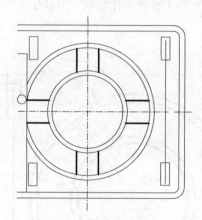

图 4-33　绘制扬声器（2）

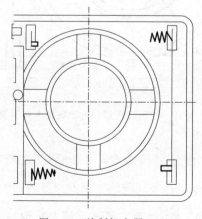

图 4-34　绘制扬声器（3）

⑥ 执行"圆" 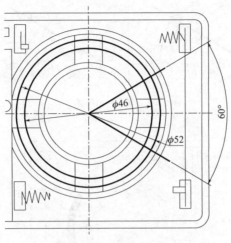命令，绘制直径为 46mm、52mm 的两个圆，如图 4-35 所示。执行"直线" 命令，绘制通过圆心与水平轴对称的两根直线，夹角为 60°。执行"剪切" 命令，将两条直线作为边界，剪切掉外部的圆弧，如图 4-36 所示。

图 4-35　绘制扬声器（4）

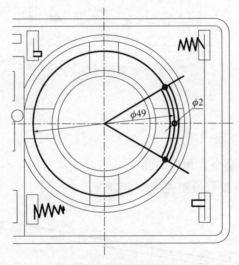

图 4-36　绘制扬声器（5）

⑦ 如图 4-36 所示，执行"圆" 命令，绘制直径为 49mm 的圆，并在图 4-36 所示位置绘制直径为 2mm 的圆三个。绘制完成后，将直径为 49mm 的圆删除。

⑧ 执行"圆" 命令，在上端小圆的圆心处，绘制半径为 2mm 的圆，并执行"剪切" 命令，将下半部的半圆剪除，如图 4-37 所示。同理，下端小圆与上端小圆对称操作。绘制完成后，将两条直线删除。

⑨ 执行"图案填充" 命令，如图 4-38 所示进行填充，填充图案为 solid。至此，俯视图的部分就绘制完成了。

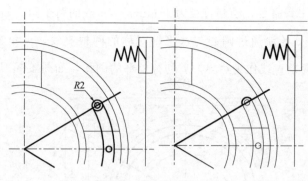

图 4-37　绘制扬声器（6）

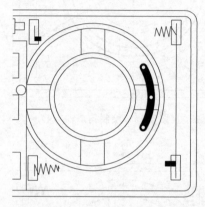

图 4-38　绘制扬声器（7）

6. 绘制主视图

① 将绘图层设置为当前图层。

② 执行"直线" 命令，如图 4-39 所示，在主视图的左半区域进行绘制，注意其中需要绘制的带角度的直线，绘制完成左半部分。

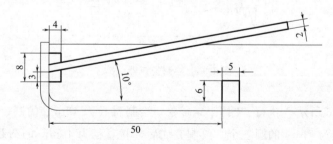

图 4-39　绘制主视图（1）

③ 执行"直线" 命令，如图 4-40 所示，绘制主视图右半部分。

④ 执行"直线" 命令，如图 4-41 所示，继续完成主视图右半部分的绘制。图中，两个梯形相对于中心线左右对称。

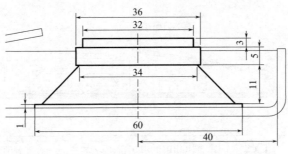

图 4-40　绘制主视图（2）

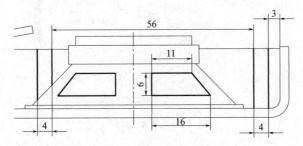

图 4-41　绘制主视图（3）

⑤ 由于主视图为剖视图，所以需要在图中绘制出剖面效果。执行"图案填充" 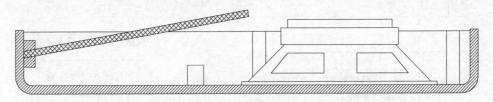 命令，如图 4-42 所示进行填充，其中外壳部分填充图案为 ANST31，电路板部分填充图案为 ANST37。至此主视图绘制完成。

图 4-42　绘制主视图（4）

7. 标注、标题栏和明细栏

① 将注释层设置为当前图层。

② 执行"多行文字" A 命令，进行标注。需要注意的是：俯视图中电子元器件的注释字体高度为 3.5mm，而图 4-43 中图样序号和其余注释文字字体高度则为 5mm。装配图标注效果如图 4-43 所示。

③ 执行"直线" 命令，按照图 4-23、图 4-24 所示绘制标题栏和明细栏，并执行"多行文字" A 命令，填写装配图标题栏和明细栏，如图 4-44 所示。

④ 执行"直线" 命令，绘制 A3 横向图框（297mm×420mm），并绘制内框。执行"移动" 命令，将各部分移动至图中合适位置。执行"多行文字" A 命令，在标题栏左侧空白处填写技术要求，如图 4-45 所示。

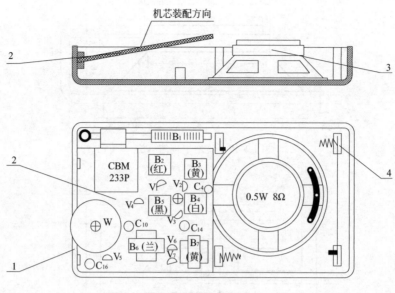

图 4-43 装配图标注

4	HX108-2/0-40	电池安装座	1		单重	总重	备注
3	HX108-2/0-30	扬声器	1				
2	HX108-2/0-20	电路板	1				
1	HX108-2/0-10	外壳	1				
序号	代 号	名 称	数量	材 料	质	量	备注

标记	处数	分区	更改单文件号	签字	年月日		重庆航天职业技术学院	
设计	XXX	201XXXXX	标准化				HX108-2收音机 装配图	
校对						阶段标记	质量	比例
审核								1:1
工艺			批准			共 1 张	第 1 张	HX108-2/0-0

图 4-44 装配图标题栏和明细栏

技术要求
1. 清点所需元器件，并检测，如故障，
   则需更换。
2. 焊接牢固、可靠，并进行检测。

图 4-45 技术要求

⑤ 进行全图调整，使图纸美观、布局合理，最终效果如图 4-20 所示。

【拓展训练】

（1）根据图 4-46 所示的接线图绘制与其对应的接线表（表 4-3）。

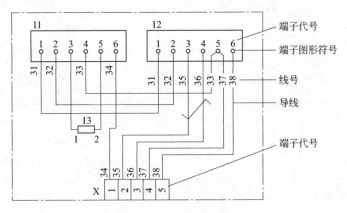

图 4-46 接线图绘制

表 4-3 接线表绘制

连接线			连接点					
型号	线号	备注	项目代号	端子代号	备注	项目代号	端子代号	备注
	31		11	1		12	1	
	32		11	2		12	2	
	33		11	4		12	5	37
	34		11	6		X	1	
	35	绞合	12	3		X	2	
	36	绞合	12	4		X	3	
	37		12	5	33	X	4	
	38		12	6		X	5	
	—		11	3		13	1	
	—		11	5		13	2	

（2）导线表示方法有哪些？请具体说明。

（3）线扎图的两种表达方式是什么？并用 AutoCAD 绘制图形举例说明。

（4）如图 4-47 所示，从不同方向看该立体图所示的物体，对应的三个平面图形分别是从哪个方向看到的？

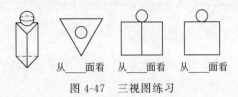

从___面看　从___面看　从___面看

图 4-47 三视图练习

（5）简述三视图投影的性质。

（6）简述装配图零件序号编排方法。

（7）利用其他课程或软件所制作的电路板，按 1：1 比例绘制一个简化的电气装配图（只需绘制一个主视图）。

【学习总结】

学习收获	任务1：
	任务2：
	任务3：
学习反思	能力提升：
	存在问题：

附　录

附录1　AutoCAD 命令行及功能

命令行	功能	命令行	功能
【CTRL】+2 ＊ ADCENTER	设计中心	【CTRL】+Z ＊ UNDO	放弃
【CTRL】+O ＊ OPEN	打开文件	【CTRL】+X ＊ CUTCLIP	剪切
【CTRL】+N+M ＊ NEW	新建文件	【CTRL】+C ＊ COPYCLIP	复制
【CTRL】+P ＊ PRINT	打印文件	【CTRL】+V ＊ PASTECLIP	粘贴
【CTRL】+S ＊ QSAVE	保存文件	【CTRL】+B ＊ SNAP	栅格捕捉
【CTRL】+F ＊ OSNAP	对象捕捉	【CTRL】+G ＊ GRID	栅格
【CTRL】+L ＊ ORTHO	正交	【CTRL】+W ＊	对象追踪
【CTRL】+U ＊	极轴		

附录2　AutoCAD 快捷键大全

快捷键	功能	快捷键	功能
F1	获取帮助	Ctrl+B	栅格捕捉模式控制(F9)
F2	实现作图窗和文本窗口的切换	dra	半径标注
F3	控制是否实现对象自动捕捉	ddi	直径标注
F4	数字化仪控制	dal	对齐标注
F5	等轴测平面切换	dan	角度标注
F6	控制状态行上坐标的显示方式	Ctrl+C	将选择的对象复制到剪切板上
F7	栅格显示模式控制	Ctrl+F	控制是否实现对象自动捕捉(F3)
F8	正交模式控制	Ctrl+G	栅格显示模式控制(F7)
F9	栅格捕捉模式控制	Ctrl+J	重复执行上一步命令
F10	极轴模式控制	Ctrl+K	超级链接
F11	对象追踪模式控制	Ctrl+N	新建图形文件
Ctrl+M	打开选项对话框	AA	测量区域和周长(area)
AL	对齐(align)	AR	阵列(array)
AP	加载 lsp 程序	AV	打开视图对话框(dsviewer)

快捷键	功能	快捷键	功能
SE	打开对象自动捕捉对话框	ST	打开字体设置对话框（style）
SO	绘制二维面（2d solid）	SP	拼音的校核（spell）
SC	缩放比例（scale）	SN	栅格捕捉模式设置（snap）
DT	文本的设置（dtext）	DI	测量两点间的距离
OI	插入外部对象	Ctrl＋1	打开特性对话框
Ctrl＋2	打开图像资源管理器	Ctrl＋6	打开图像数据源
Ctrl＋O	打开图像文件	Ctrl＋P	打开打印对话框
Ctrl＋S	保存文件	Ctrl＋U	极轴模式控制（F10）
Ctrl＋v	粘贴剪贴板上的内容	Ctrl＋W	对象追踪模式控制（F11）
Ctrl＋X	剪切所选择的内容	Ctrl＋Y	重做
Ctrl＋Z	取消前一步的操作	A	绘圆弧
B	定义块	C	画圆
D	尺寸资源管理器	E	删除
F	倒圆角	G	对象组合
H	填充	I	插入
S	拉伸	T	文本输入
W	定义块并保存到硬盘中	L	直线
M	移动	X	炸开
V	设置当前坐标	U	恢复上一次操作
O	偏移	P	移动
Z	缩放		

● 参考文献

[1] 孙明成，张万江，马学文. 建筑电气施工图识读[M]. 第三版. 北京. 化学工业出版社，2016.

[2] 何伟良，王佳. 建筑电气工程识图与实例[M]. 北京. 机械工业出版社，2007.

[3] 徐乔新. 建筑制图与 CAD 实训[M]. 西安. 西安电子科技大学出版社，2017.

[4] 郭建尊. 杨琳. 电气工程制图[M]. 北京. 人民邮电出版社，2011.

[5] 任海峰. 中文版 AutoCAD 电气设计自学经典[M]. 北京. 清华大学出版社，2016.

[6] 傅雅宁，田金颖. AutoCAD 电气工程制图[M]. 北京. 北京邮电大学出版社，2013.

[7] 钱文伟. 电气工程制图[M]. 北京. 航空工业出版社，2012.